想像するちから
チンパンジーが教えてくれた人間の心

想像的力量

心智、語言、情感，
解開「人」的祕密

松澤哲郎
Tetsuro MATSUZAWA——著
梁世英——譯
王道還——內容審訂
呂佳蓉——編譯監修

自由學習 1

想像的力量

心智、語言、情感，解開「人」的祕密

作　　者　松澤哲郎（Tetsuro MATSUZAWA）
譯　　者　梁世英
內容審訂　王道還
編譯監修　呂佳蓉
企畫選書人　文及元
責任編輯　文及元
行銷業務　劉順眾、顏宏紋、李君宜

總 編 輯　林博華
發 行 人　凃玉雲
出　　版　經濟新潮社
104台北市中山區民生東路二段141號5樓
電話：（02）2500-7696　傳真：（02）2500-1955
經濟新潮社部落格：http://ecocite.pixnet.net
發　　行　英屬蓋曼群島商家庭傳媒股份有限公司城邦分公司
104台北市中山區民生東路二段141號2樓
客服服務專線：02-25007718；25007719
24小時傳真專線：02-25001990；25001991
服務時間：週一至週五上午09:30~12:00；下午13:30~17:00
劃撥帳號：19863813　戶名：書虫股份有限公司
讀者服務信箱：service@readingclub.com.tw
香港發行所　城邦（香港）出版集團有限公司
香港灣仔駱克道193號東超商業中心1樓
電話：852-25086231　傳真：852-25789337
E-mail: hkcite@biznetvigator.com
馬新發行所　城邦（馬新）出版集團 Cite (M) Sdn Bhd
41, Jalan Radin Anum, Bandar Baru Sri Petaling,
57000 Kuala Lumpur, Malaysia.
電話：603-90578822　傳真：603-90576622
E-mail: cite@cite.com.my
印　　刷　宏玖國際有限公司
初版一刷　2013年1月29日

城邦讀書花園
www.cite.com.tw

ISBN：978-986-6031-26-7

售價：350元
Printed in Taiwan

〈出版緣起〉

自由學習，讓人生更美好

經濟新潮社編輯部

經濟新潮社成立至今已經十二個年頭。本著「以人為本位，在商業性、全球化的世界中生活」的宗旨，我們出版了許多經營管理、經濟趨勢相關的書籍。

然而，近年來台灣的變化很大。

社會的既有制度規範，與人們的需求與期望產生落差；民間自主力量的崛起，加上網路科技的進步，媒體、文化、消費的生態已大不相同了；而企業界大多在轉型的壓力下掙扎，暴露出從基礎能力到尖端創新的不足。

金融海嘯的影響所及，也暴露出資本主義的缺陷。人們開始更關心工作與生活的意義、他人的處境、或是制度的合理性。

有些事，應該要超越商業、實用性的思考。

我們成立「**自由學習**」這個書系，是希望回到原點——在商業、實用之外，學習應該是自主的、自由的，閱讀可以是愉悅的、無目的性的、跨界的。不論我們生活在何種文化，從事何種領域的工作，我們都擁有自由，透過書，可以看到不同領域的東西、理解他人、反省人與人的關係；也可以反思做人的根本、作育下一代的基礎；也獲得再生的能量，更新自己的想法。

就從一些基本的東西開始吧。找回人的本質、生存的意義，或是享受純粹的知識樂趣或閱讀快感，應該是比商業更重要的事。透過自由的學習、跨界的思考，讓我們的人生更圓滿，邁向一個互相理解、共生的社會。也許長路迢迢，但是希望能在往後的出版過程中實踐。

中文版序

松澤哲郎

「人，何以為人？人的本性，究竟是什麼？人到底從哪裡來？」

心中帶著這些疑惑，我一直都在研究黑猩猩。我常常被問到「為什麼要研究黑猩猩？」，我回答有三個原因。

第一，因為黑猩猩本來就是非常具有魅力的生物。他們在非洲的森林能使用石器而生活。而在我們設計的實驗，測量黑猩猩記憶電腦螢幕上只出現一瞬間的數字時，發現他們擁有比人類更好的記憶能力。

第二，因為對於人類而言，黑猩猩在遺傳上離我們最近。地球上有數百萬種甚至數千萬種的生物中，他們是我們人類的演化近親。人與黑猩猩在遺傳上的差異，以DNA的鹼基排列方式比較，竟有九十八．八％是相同的，僅有一．二％的差異。兩者差異的程度，就像是馬和斑馬一樣。

第三，因為想要了解人類，先了解黑猩猩是一件很重要的事情。若能了解黑猩猩，不僅能知道黑猩猩何以為黑猩猩，也能了解人何以為人。這樣的研究被稱為「比較認知科學」。所謂「認知科學」，指的是對心智的科學研究。大多是以人類為研究對象，也被稱為心理學。但是，為了強調以科學的觀點進行研究，最近也被稱為「認知科學」。所謂「比較」，指的是不同的物種間的比較。就如同我們有比較形態學、比較生理學、比較行為學等學問，我也開始提倡有一門學問叫做「比較認知科學」。

在比較人類與黑猩猩這樣的發想背後，是存在著一個名為外部團體（out group）的觀點。簡單地說，外部團體指的是外部者。一旦我們了解外部者，就能了解自己。

比方說，若要了解自己的國家，首先，要先學本國歷史吧。然後，學本國地理，也要研讀本國社會制度。但是，要了解本國最簡單的方法，其實是前往國外。一旦出國，就會很清楚地知道自己的國家是怎麼樣的國家。

那麼，假設我們想要了解本國人，那和外國人交朋友就是個好方法。同理可證，如果想要了解「人，何以為人？」，先去仔細了解人類以外的物種，就是一個好方法。從生物的角度來看，人類是動物的一種。因為我們不是植物，而是動物吧。對於人類來說，除了人以外的動物都是外部團體。而外部團體的代表就是黑猩猩。黑猩猩並不是人類。從了解不是人類的生物，就能進而了解「人，何以為人？」。

我在台灣有許多舊識友人，本書能出版繁體中文版，打從心底感到非常高興。藉由了解黑猩猩，也請您想想「人，何以為人？」這個問題。

各界推薦

人與黑猩猩何異？透徹研究黑猩猩可以讓我們對人類的特殊本質增加什麼了解？這本書的可貴和價值就是清楚告訴我們，人類會共同養育後代、人類會用微笑凝視培養親子關係、人類會分工合作、人類會善用各種工具、人類會教導傳授和鼓勵學習、人類有語言、有記憶，還有這本書的最後警語：人類會感到絕望，也會付諸希望，也就是黑猩猩沒有的「想像力」。

——**蕭新煌**（中央研究院社會學研究所所長）

人類一直想了解自己，並藉此開發人類的潛能，擴大自己的視野。本書以心智、語言，以及情感三大面向來闡述想像的力量。全書以黑猩猩為對照組，和人類比較，藉由異於黑猩猩之處來了解人類成長及演進的動能。而此動能是想像力。經由想像，人類對未來有所憧憬，懷抱著希望，因此能向前發展。這是黑猩猩未曾擁有的天賦。讀完此書會覺得，我們擁有想像的天賦，如果不好好運用，豈不愧對自己？

——**林一平**（國立交通大學副校長）

松澤哲郎教授透過力求科學客觀卻又不時流露感情的筆觸，寫下超過二十五年細膩觀察研究的成果，讓我們瞭解黑猩猩與人類在行為、智能發展、學習及記憶的異同之處。

——**李玲玲**（國立臺灣大學生態學與演化生物學研究所教授）

松澤哲郎教授與黑猩猩相處三十年，實驗與觀察交錯進行，棲息地與實驗室兩相對照。全書像在講故事，娓娓道來，觀察中充滿愛和熱情，實驗中充滿科學的睿智。聽完故事，輕鬆掌握人類認知發展起源。真是一本好書！

——**林文瑛**（中原大學心理科學研究中心主任）

作者松澤哲郎教授窮其一生於黑猩猩的保育工作，除對黑猩猩的生態及心智研究有重要的突破外，最大的發現是人與黑猩猩的不同——想像力。愛因斯坦說，想像比知識重要；因為邏輯只能帶著你從甲到乙，想像力可以帶著你到處去。心智、語言與情感都因想像力而增生與成長，這是書中黑猩猩教會我們的事。

——**蔡惠卿**（中華民國自然生態保育協會秘書長）

世界知名的京都大學松澤哲郎教授以豐沛但內斂的情感，以及嚴謹卻深刻的學理，帶領我們走進他畢生研究與為伍的大猩猩之心智與情感世界。藉由比較認知科學的方法論，對揭露「人究竟是什麼」的亙古哲學問題，給出令人深思的回答。

——**鄭凱元**（國立陽明大學心智哲學所教授兼人文社會科學院副院長）

雖然人類的科技文明已經可以探究宇宙的起源，但是，卻不明白我們自身為什麼會這麼想、會這麼做；對於「我們的心智究竟是如何發展的？」至今仍然毫無頭緒。當然，這是因為基於人道立場，我們不可能用人類來做實驗；可是，黑猩猩是人類近親，藉由觀察他們，或許我們可以了解人之所以成為人的關鍵。《想像的力量》這本書，提供了我們省思的機會。

——**李偉文**（作家）

已經好久，沒有讀過這麼迷人的書了。作者松澤哲郎用文學的筆，生動地描述他和黑猩猩從相識到相知的故事。雖然是一本科普書，但讀起來卻像在看一本小說那樣深刻感人。

——**李季湜**（國立中正大學心理系主任）

我們至今仍無法瞭解人類的心靈與意識是什麼？在這個浩瀚的宇宙中怎麼可能出現心靈？松澤哲郎深信瞭解黑猩猩的心可以開啟一窺人類心靈意識之窗。藉著比較人類與黑猩猩的心智能力，作者以優美文筆帶領讀者探索人類自己心靈深處。

——**洪裕宏**（國立陽明大學心智哲學研究所教授兼所長）

人何以為人，一直是個深遠而有意義的課題。作者以比較認知科學的觀點，從黑猩猩的認知、學習和行為，來瞭解我們人類許多複雜的認知過程的起源。瞭解黑猩猩的心智，就好像打開了一個視窗，可以窺視到人的意識究竟。最後作者引用了使徒保羅的話語，引申出關於瀕臨絕滅危機物種的保育與福利，發人深省與令人動容。

——**徐百川**（中央研究院生物醫學研究所副研究員）

距今六百萬年前，黑猩猩與人類的祖先開始分道揚鑣。在這不算長的演化歷程中，人類有保留、有遺失、也有新突破。然而林林總總的改變，帶給地球上所有的生靈是希望？還是絕望？透過行為差異的研究，身為人類的我們當仔細思索：什麼是「做人」的大道理。

——**蔡欣蓉**（臺北市立松山高中生物科老師）

真的沒想到，人類那肥嘟嘟且可愛得過分的小嬰孩，他們的毫無防衛能力、天生帶笑、能安穩仰躺並總是伸出雙手抓握的姿態，竟然就是人之所以成為人的最重要關鍵！作者松澤哲郎將他對黑猩猩長達二十五年，極為細膩的「參與觀察」與人類之比較，寫在這本他視為遺作的書中，我相信是包括我在內，所有新手父母看了都會非常非常感動的一本特別的科普書。

——**鄭國威**（PanSci泛科學網站總編輯）

為什麼唯獨人類女性要隱藏自己的排卵期？為什麼黑猩猩的記憶能力比人類還要優秀？閱讀本書的樂趣，絕非僅只搜尋這些問題的解答而已。能以自由的雙手拿取物品的，就是人類嗎？能以語言相互交流的，就是人類嗎？人類究竟是什麼？從黑猩猩身上，人類獲得什麼啟示？「能夠發揮想像的力量，對未來擁有希望的生物，只有人類！」此項演化觀點，絕不是分子生物學和化石研究所能窺見的。誠摯推薦本書，給熱愛生命、對未來懷抱熱情與希望的你，人類！

——**呂念宗**（呂亞立）（國立新化高中生物科老師）

【推薦序】
如此相似，卻又如此不同

蔡志浩

「為什麼我們如此不同，感受卻如此相似？為什麼我們的感受如此不同，看起來卻如此相似？」

讀《想像的力量》時，我的感覺就像繪本《星月》（*Stellaluna*）裡，意外和母親分離落入鳥巢和雛鳥們一起生活的蝙蝠幼兒。逐漸認識彼此之後，我們開始對彼此的異同感到好奇，並開始尋找自我的認同。那是一種強而有力的思考脈絡。

《想像的力量》這本書不是嚴肅的科學論文，而是松澤哲郎教授以第一人稱觀點講述的科學故事。這些精采生動的故事帶你貼近人類演化上的近親黑猩猩，和牠們一起生活。作者拉著你的手，引導你注意這兩個物種在生命史、親子關係、社會性、工具使用、教育與學習、語言與記憶以及想像力等層面上的異同。

這樣的對照會讓你開始問自己：「為什麼？」——為什麼黑猩猩與我們的某些特性相似？為什麼某些特性迥異？這些特性如何分別幫助兩個物種適應這個世界？為什麼黑猩猩的某些能力看起來比人類優越？我們在演化過程中失去了那樣的能力以後，取而代之的是哪些更有適應性的能力？

如果沒有比較，我們會把人之所以為人的一切都視為理所當然。然而，人類是漫長演化過程塑造出來的有機體。生理如此，認知亦然。人類的社會與認知能力會是今天這般面貌，每一個面向，不論再細微，都有其適應上的意義。了解為什麼，才算真正了解自己。

例如：為什麼人類有祖母這個角色？為什麼人類的嬰兒能在仰躺姿態下保持安定？為什麼人類幼兒會玩角色扮演的扮家家酒遊戲？為什麼只有人類使用工具的行為有像語言的階層組織？為什麼人類幼兒比黑猩猩幼兒有更強的獲得長輩認可的動機？為什麼人類的短期記憶能力不如黑猩猩？為什麼「會絕望」也反映了人類思考的力量？

松澤哲郎教授說：「正因為會絕望，所以才有希望，這就是人類與黑猩猩的不同。」這是相當準確的洞察。人類認知能力的設計從來不是只為了活在當下，而是為了想像的未來。黑猩猩製造的工具多半都是當下所需。人類自二十萬年前出現在地球上以來製造工具卻總是未雨綢繆，為了想像的未來作了許多的準備。未來充滿不確定性，想像未必都能實現。但豐富的想像力讓人類擁有強大的探索與應變能力，讓人類在短短二十萬年的時間擴散到全世界。

因為必須面對不確定性，人類也就不可能展現完美的理性。例如，人們很難忽略沉沒成本，也就是會受到那些已經付出卻不可能回收的成本的影響。這有時會讓人們不願放棄維持多年但已走到盡頭的愛情，顯得不太理性；但同樣的特性也讓人們堅持做一些要很長時間以後才可能有收穫的事，把自己推向更好的境界。人以外的其他物種都不會有這種現象。

人類的知識經常在意外的來源獲得啟發。就說飛行吧。自古以來人類都在試圖藉由研究鳥類了解如何飛行，卻長期沒有進展。直到最近一百年開始藉由建造不像鳥的飛機研究飛行，飛行知識才開始快速累積。當人們再回去研究鳥類，卻驚訝地發現兩者的飛行原理完全一樣：都必須平衡推力、阻力、升力與重力。不僅如此，還有更多新發現。例如以前的人認為鳥類藉由向下拍動翅膀產生升力，事實上鳥是藉由翼尖旋轉產生類似螺旋槳的推力，進而產生升力。

人類因為對機器的研究反而促進對生物的了解，這件事在上個世紀發生不只一次。除了飛機與鳥類，還有電腦與認知。因為電腦的出現，心理學家開始了解認知也是一種演算法與資料結構（歷程與表徵）。而之後認知心理學的與人工智慧這兩個領域對彼此的發展也持續提供了有幫助的線索。

對黑猩猩的研究也一樣可以促進我們對自身的了解。這是一本科普書，但其價值絕不限於普及科學知識。不論你來自哪個專業領域或工作場域，不論你目前關切的問題為何，不論你原本對黑猩猩了解多少，不論你對黑猩猩有沒有興趣，這本書，以及松澤哲郎教授的黑猩猩，都一定可以帶給你一些終身受用的知識與觀點。

（本文作者為認知心理學家，台灣使用者經驗設計協會理事長，著有《人生從解決問題開始》一書。作者網站：taiwan.chtsai.org）

【推薦序】

傳承希望與愛

呂佳蓉

在寫推薦序前，正逢「孩子的第一哩路——紙風車三六八鄉鎮市區兒童藝術工程」在台北兩廳院藝文廣場首演，大雨淋漓，筆者與學生們坐在台下深受感動。小額捐款讓三六八鄉鎮跑完需要七年，我對紙風車眾多唐吉軻德滿是佩服。

時空轉換，在日本也有一群唐吉軻德，為了人與黑猩猩下一代更美好的將來，孜孜不倦努力著。他們是一群靈長類學研究者，在實驗室中每天與黑猩猩相處，研究黑猩猩的心智發展，藉此讓人類更了解自己，進而心繫著非洲黑猩猩艱困的保育工作，這樣的研究與努力至今已三十六年了。

本書的作者松澤哲郎教授就是這個聞名日本（乃至於全世界）靈長類學研究「小愛計畫」的代表人物，與黑猩猩夥伴們朝夕相處了三十六年，由他用近距離觀察的角度，敘述這些年來的研究成果，包括黑猩猩為何是猩猩人、黑猩猩式的親子關係與教育帶來什麼啟示、人類如何成為人類、人類該怎麼做才能與黑猩猩和平共存等。這樣獨特的研究環境與觀察，全世界只有日本京都大學靈長類研究所做得到，這樣卓越的研究成果不可受限於語言隔閡而被埋沒，我很高興這本書出了中文版，讓知識得以傳播，讓愛得以延續。

這是一群唐吉軻德奮鬥的故事，也是個感人的故事，在堅持理想與追尋夢想的道路上，希望也有你我的腳步。

（本文作者為國立臺灣大學語言學研究所助理教授）

【導讀】
靈長類學——日本的國學

王道還

本書作者松澤哲郎是研究黑猩猩行為的重量級學者。

在動物界，黑猩猩與我們的親緣關係最近，五百萬年前是一家，至今基因組的差異不到百分之二。因此研究黑猩猩的興趣，與研究其他的動物不同；觀察黑猩猩，我們還想理解的是自己。孟子曰：人之所以異於禽獸者幾希。基因組證據是這句話最好的註解。但是，黑猩猩的生命史、生活史更令我們好奇，因為生老病死、悲歡離合的故事，才有血有肉，能與我們的經驗、閱歷、以及感悟印證。

然而科學家很晚才開始到野外觀察黑猩猩，為他們的個體與群體立傳。在國人心中，英國人珍古德（Jane Goodall）是研究野生黑猩猩的開山祖師、二十世紀學術史的傳奇人物。話說一九六〇年七月中，只有高職學歷、從未聽說過 ethology（動物行為學）這個單字的珍古德抵達東非岡貝。不到四個月，她就目睹兩個科學界從來不知道的事實：一、黑猩猩會獵食其他哺乳類，並不是素食動物；二、黑猩猩會製造工具，藉以取食。那時西方人類學家已將「製作工具」當做人之所以為人的判準，珍古德無異改寫了人的定義。了不起的成績。不過，那只是因為從來沒有人在野外仔細觀察過黑猩猩罷了。

其實珍古德抵達岡貝不久，另一位對黑猩猩有興趣的學者便登門造訪了。表面上，他們的差異再大也不過了。一位是二十六歲的女性，一位是三十四歲的男性；一位是純真的動物喜愛者，一位是田野經驗超過十年的動物行為研究者；一位是金髮白種人，一位是黑髮黃種人。他就是日本獼猴專家伊谷純一郎（一九二六—二〇〇一）。

原來日本人早已建立了野生靈長類的研究傳統。那個傳統可以追溯到昆蟲學出身的京都大學教師今西錦司（一九〇二—一九九二）。今西錦司在日本侵華戰爭期間到內蒙古調查過遊牧民族與野馬。一九四八年底，他帶著伊谷純一郎、川村俊藏（一九二四—二〇〇三）兩名學生到九州宮崎縣都井岬調查野馬。一天黃昏，他們無意中注意到附近一個小島上的日本獼猴。那個島就是幸島，環島四公里，距海岸只有幾百米。結果幸島成了日本靈長類學的發源地：從此島上每一隻猴子的生活史與生命史都成了科學資料。

一九五三年九月，今西團隊收到幸島助理的報告：有一隻年輕雌猴發明了一種吃地瓜的新方法。她會先把沾了泥的地瓜拿到小溪裡清洗，然後再吃。這個行為在幸島猴群中的傳播與演進，歷時已六十年，日本學者有詳盡的全紀錄。

今西團隊的研究方略與研究方法非常獨特。今西觀察猴群，著眼點在群體的結構。他認為動物結群生活必然出自適應的需求，而群體必須穩定才能有利於成員。找出群體的結構，就能掌握群體動態的來龍去脈，理解觀察到的日常活動與成員的互動。而群體提供的適應利益之一，是「文化」。今西的「文化」定義是：一切以社會方法傳遞的習慣與資訊。今西相信，社群其他成員提供的技巧與資訊，有時攸關存亡；他從不懷疑動物可能也有文化。在方法上，今西認為研究者必須辨識每一個個體，詳細紀錄每一個個體的行動，以理解群體成員的互動模式。

因此，西方學界在一九五〇年代末開始摸索野生靈長類研究的時候，今西的團隊領先了十年以上，也開始到非洲、印度等地進行田野調查。一九五八年，今西還創立了世界上第一份靈長類學學報。一九六四年東京奧運之後，今西呼籲政府設立一個綜合性的靈長類研究機構。他相信「日本有條件在這一領域中超越歐美、領先世界。因為日本國內就有猴子，而且日本民間文化蓄積了不少關於猴子的素樸知識。」透過一九六五年諾貝爾物理獎得主朝永振一郎（一九〇六—一九七九）等人的努力，京都大學靈長類研究所終於在一九六七年成立。

到目前為止，它仍然是世上唯一的綜合性靈長類研究機構。非洲現在有五個長期的黑猩猩研究站，其中兩個是京都大學靈長類研究所建立的。

一九七六年十二月，本書作者松澤哲郎進入這一研究所；一九九三年升教授；二〇〇六年擔任所長。他的團隊最近才發表了黑猩猩大腦發育模式的研究。本書是他三十年的研究成果摘要，以「人之所以為人」為貫串各章的問題意識，讀來引人入勝、興味盎然。說來松澤教授為日本民眾解說靈長類學，早就是老手了。這似乎也是今西錦司的遺緒：京都大學靈長類研究所的研究人員都願意與民眾分享自己的研究發現。有時他們發表的研究報告，日文版比英文版還要詳盡。

比起日本，我們的靈長類資源只多不少。例如台灣也有獼猴，而孫悟空這個猢猻，桃太郎瞠乎其後，根本沒得比。我們的靈長類學在哪裡呢？也許，學界與社會分享知識的意願，才是促使學術開花結果的原動力。

（本文作者為生物人類學者）

【說明】

為忠於本書作者松澤哲郎教授日文原書中表達方式，本書中均以「一位」「兩位」來稱呼黑猩猩，而非慣用的「一隻」「兩隻」。此外，性別譯法亦忠於作者，以「男性黑猩猩」「女性黑猩猩」稱呼，取代慣用的「公黑猩猩」「母黑猩猩」。

目錄

想像的力量

心智、語言、情感，解開「人」的祕密

第七章 語言和記憶——取捨之間 225

序章

心智、語言、情感

我到現在都清清楚楚記得，第一次見到小愛（Ai）的那一天。

小愛是在一九七七年的十一月，來到京都大學靈長類研究所。而我，則是在那前一年的十二月來到這邊，擔任研究助理。一直到那一天之前，我從來沒有近距離看過黑猩猩（*Pan troglodytes*）。只覺得想像中，應該是隻黑黑的、大一點的猴子吧？要來到這裡的黑猩猩，到底是什麼樣的動物呢？

那是一個有點涼意的初冬之日，在一間完全沒有對外窗戶的地下室房間，只有一顆裸電燈泡，從天花板上懸垂下來。房間裡，有一位幼小的黑猩猩在裡面——她是小愛，那時才剛滿一歲而已。（譯注：為忠於作者原有的表達方式，因此，本書中均以「一位」「兩位」來稱呼黑猩猩，而非慣用的「一隻」「兩隻」。性別譯法亦忠於作者，以「男性黑猩猩」「女性黑猩猩」稱呼，取代慣用的「公黑猩猩」「母黑猩猩」。）

我一看著小愛的眼睛，小愛也直盯著我的眼睛看。這可相當令人驚訝！因為在這之前，我整整和日本獼猴（*Macaca fuscata*）相處了一年，知道和猴子在一起時的大忌，就是無論如何千萬別直視他們的眼睛。只要你一看著猴子的眼睛，他要不是「吱——」的一聲逃走，就是「嘎——」地對你動怒。

對猴子而言，「視線的接觸」只代表一種意義——那就是瞪視與挑釁。更何況，遇見陌生人的日本獼猴會很緊張，情緒一點兒都靜不下來。可是小愛卻不一樣。只要你看著她的眼睛，她就會一直注視著你。這種感覺，真的是太神奇了。

回過神以後，我想應該來試試看做點什麼事。可是很不巧，當時我沒特別帶著什麼東西在身上，只是穿著一件便於進行各種作業的白色實驗袍，並在袖子上戴著一枚像以前導護老師會戴在臂上的那種黑色袖章而已。因為實在什麼都沒有，所以我就把袖章從手臂上取下來，試著遞給小愛。結果小愛一接過去，就直接把她的手穿進袖章裡。

今天如果換作是日本獼猴，拿到了這個東西之後，首先一定是嗅嗅它的味道，試著咬一咬，發現這東西不能吃以後，就隨手往旁邊扔掉，再也不會多看它一眼。可是小愛卻毫不猶豫地接過袖章，兩三下迅速將它戴在自己手臂上，當我還在「什麼？」地大感驚訝之際，小愛又兩三下迅速地把它從手臂上取下來，遞還給我。

遇到小愛的這第一天，就讓我清楚地瞭解到，在我眼前的並不是一隻猴子。她會凝視著你的眼睛，會主動模仿，而最重要的，是有什麼東西觸動了你的心弦。

從那一天起，我就這樣展開了跟黑猩猩相處的漫長歲月。可是，每天都像是新的一天。每天，黑猩猩都教了我某些新的東西。我想，就是因為這樣，所以我才會一直不斷研究，直到現在。

一九六九年，我進入京都大學就讀，選擇的科系是哲學系。我想知道「人到底是什麼？」。考慮了很多以後，我決定專攻當時仍附屬於哲學系之下的心理學。而現在，我研究的學問成了一門新學門，叫做「比較認知科學」（Comparative Cognitive Science）。

所謂的比較認知科學，是把人類和人類以外的動物做比較，以追溯人類心理演化起源的一門學問。

正如同人類的身體是演化的產物，人類的心智，同樣也是演化的產物。一旦能以這樣的眼光看事情，就會發現無論是教育、親子關係或是社會，全都是演化的產物。透過深入瞭解黑猩猩這個「人類的演化近親」，我們可以對照出人類心智的哪個部分特別不一樣，能因此得以窺見教育、親子關係或社會的演化起源。我想，這也就相當於是對「人，到底是什麼？」這個問題的一種解答吧。

對於比較認知科學這門我自己的研究學門，我認為其焦點在於「心智」「語言」和「情感」。這三個主題，是在思考「人類」這種生物時，幾個非常重要的角度——透過對黑猩猩的研究，我漸漸地產生出這樣的領悟。

我想，「心智」「語言」與「情感」對人類而言很重要這件事，我們從很久以前開始，就已經有所理解。比方說，有句話是這麼說的，「心中若沒有愛，無論羅列多美麗的辭藻，都無法在對方心裡激起共鳴。」聖保羅（St. Paul）的教誨，可說是一針見血地把位於「人與人之間」的「人際關係」本質，恰如其分地表達了出來。（譯注：見使徒保羅的書信〈哥林多前書〉十三章第一節：「我若能說萬人的方言，並天使的話語，卻沒有愛，我就成了鳴的鑼，響的鈸一般。」）

隨著時光流轉，從第一次和小愛相會那天起，到現在已經整整經過了三十三個年頭。從一九八六年起，我也開始對非洲的野生黑猩猩進行研究。每年到非洲進行一次野地調查，到現在也已經進入第二十五年。不知不覺，我的人生也已經超過一甲子。（譯注：作者出生於一九五〇年。）

與黑猩猩邂逅之後，開始深入觀察黑猩猩。在日本、在非洲，積累每個與黑猩猩一同度過的日子之後，我漸漸地開始理解他們。

日本諺語有句話說「**淺川也當深川渡**」。這句話的原義，是告誡人們行事必須慎重，要步步為營。即使乍看之下是條淺淺的小溪，有時候水深可能會出乎意料之外。所以過河時務必小心，千萬別稍一不慎，就被大水沖走了。

但是這句諺語，對我來說卻代表著另外一種不同的意義——乍看之下覺得沒什麼而忽略的事物，實際上卻可能隱含著深刻的意義。因此，我聽起來這句古訓，是告誡我們：看起來淺薄的事情，也要深入地去分析、思索。事物的本質，正是會出現在經常被忽略的細節裡。

黑猩猩並沒有人類一樣的語言。可是，他們有他們的心智，而以某種意義而言，他們甚至有著比人類更深刻的情感。透過對黑猩猩的更深入理解，我們得以嘗試思考，「人，究竟是什麼？」

在這本書裡，我想跟各位讀者談談，我把「淺川也當深川渡」之後的心得與所見——人類的心智、語言和情感的演化起源。

第一章

心智的歷史學

心智，究竟是如何產生的？

至今為止，人類做了各式各樣的努力，希望能解答這個問題。其中之一，是深入解析神經機制。用簡單一點的方式來說，就是腦科學。由於心智是大腦這個器官負責的，所以這個學門認為對大腦的研究，才是真正對心智的研究。

另一方面，也有人嘗試對產生心智的社會基礎進行剖析。當我們到國外時，常常會更深刻地感受到自己「果然是個和外國人不一樣的人啊！」的情況。這是因為身處在異文化的環境裡之後，在相對比較下，才會更強烈地自覺到自己的心智與意識，無疑是在從小到大成長、生活的那個社會裡形成。也就是說，我們能以文化人類學或社會學的切入角度，來對心智進行研究。

另外，還有另一派人士，想要解開產生心智之謎的工程基礎。也許各位聽過**運算理論**（computational theory）或是**機器人學**（Robotix）等辭彙；這些學門都是希望用「製造出與人類擁有相同心智的模型或機械」的方式，闡明產生「心智」的運算法則。

如上所述，科學家們對於心智的研究，從大腦、社會、工程等角度的方式不斷在進行。然而還有一個疑問，卻始終沒有被包含在這些學門裡面——那就是，人類心智究竟是怎麼來的？即使科學家們在某個程度上，成功地對「人類的心智究竟是個什麼樣的東西？」進行了分析與分解，還是沒解答「那麼，為什麼在我們的身體裡，有著發展成現在這個樣子的一顆心？」的這個歷史問題。

人類的心智究竟經過了一段什麼樣的歷史，才演變成現在這個樣子？腦科學無法回答這個問題。文化人類學無法回答這個問題。機器人學更無法回答這個問題。但心智的歷史學——對「心智」的發展歷程進行研究的學問——則有辦法深入解析人類心智產生的演化基礎。

心智不會成為化石留在世上

「人類身體是演化的產物，人類心智也是演化產物。」透過黑猩猩研究，我開始實際產生出這樣的感受。如果研究主題是人體的演化，那麼應該做的第一件事，應當是去挖掘地層以便找出化石。只要研究化石，就能知道人體在過去呈現出什麼樣的形態、具備什麼樣的特徵。但是，無論你如何認真挖掘，都挖不出人類心智的化石來。因為心智是由大腦掌控，而大腦屬於軟組織，不會成為化石留下來。

要追溯人心的演變歷程，用的方法不該是去尋找心智的化石，而應是把人類的心智與現存的其他生物做比較。如果兩個近緣種生物有共同的心理特徵，我們就能合理推測那些共通的心理機能，應該來自共同的祖先。

比方說，使用工具是人類與黑猩猩都具備的能力，因此我們可以推測，「使用工具」這個本領，來自雙方共同的祖先；而發出聲音說話是只有人類才具備的特徵，因此我們可以推測「語言」這項能力，是在人類從共同祖先分化出來、獨自演化的過程中，另外獲得的能力。

比較認知科學的目標，就是像這樣透過與現存物種的比較，瞭解人類這種生物發展至今的軌跡——尤其是人類心智演化的歷史。

每個時代總是有幾個不同的人類物種同時存在

如果直立人（*Homo erectus*）到現在仍存活在這個世上，我們會對直立人做研究。或者是，如果一直到約三萬年前都還存在的尼安德塔人（*Homo neanderthalensis*）沒有滅絕的話，想當然爾，尼安德塔人勢必會成為我們比較認知科學的研究對象。

把時間拉到更近。在距今僅約一萬八千年前的印尼弗洛勒斯島（Flores Island）上，住著一種叫做弗洛勒斯人（*Homo floresiensis*）的迷你型人類。弗洛勒斯人身高只有一公尺左右，腦容量則約與黑猩猩相當，是一種會使用工具、也會生火的人類。如果弗洛勒斯人現今仍存活在世上，我多麼希望能做現代人與弗洛勒斯人的比較研究。

然而，無論是弗洛勒斯人、直立人或是巧人（*Homo habilis*），現代人以外的所有人屬動物，都已經滅絕。南方猿人（*Australopithecus*）亦已消失。因此我們能做的，只剩下把現代人（人屬）與最接近現代人的黑猩猩屬（*Pan*，包括黑猩猩和波諾波猿）生物，進行比較。

在這裡，有個觀念必須特別說明清楚。目前這個時代，雖然世界上僅有我們**現代人**（*Homo sapiens*，又稱智人）這種人類存在，但回顧整個生物發展史，這樣的情況其實相當罕見。通常在一個時代裡，總是會有幾個不同的人類物種同時存在（詳見【圖1】）。

還有另一件常發生的相關誤解，在此也必須做個說明。相信大家都在教科書裡看過猿人、直立人、尼安德塔人、現代人等分類，但人類的演化過程，並非是猿人變成直立人、直立人變成尼安德塔人、尼安德塔人變成現代人的這種一直線式的演化。猿人與直立人曾經生活在同一個時代，直立人與尼安德塔人、甚至尼安德塔人與現代人都曾經同時並存。他們彼此是生活在同一個時代中的不同人類，最後相繼走上了滅絕之路，只剩下我們這個物種。

與近親比較，與相似者比較

比較認知科學的研究方法，大致上可分為兩種。

其中一種，是以**起源相同**為基礎的比較。這是一種把演化起源相近的生物拿來進行相互比較的手法，用這種方式，嘗試尋找出人類心智的演化基礎。人類與黑猩猩的共同祖先，大約出現在五百萬年前。

另一種方式，則是以**相似性**為基礎的比較。既然同為生物，當然會有個遙遠的共同祖先（也許真的是非常遙遠……）。但這種方式，則是聚焦於把在遙遠的過去便已分別演化、彼此關係已極為疏遠的生物——比方說，

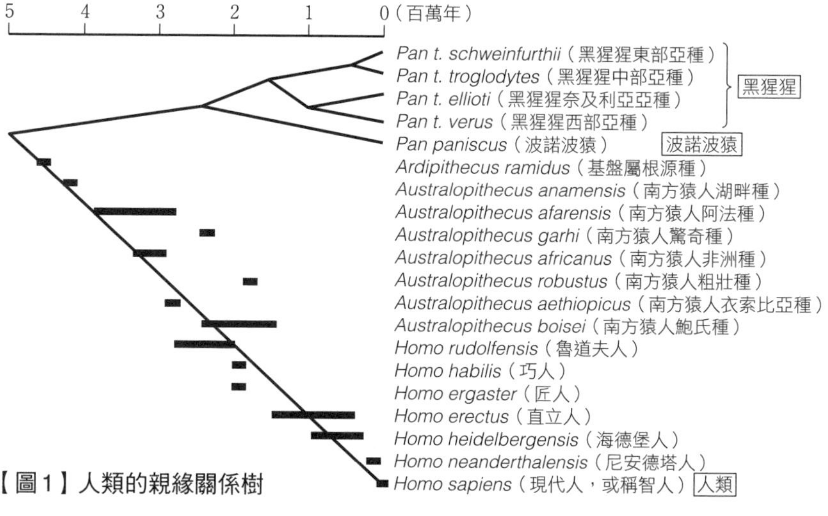

【圖1】人類的親緣關係樹

鳥類和人類——拿來相互比較。如大家所知，即使同為鳥類，像烏鴉、鸚鵡、冠藍鴉（*Cyanocitta cristata*）等，都是以鳥類中特別聰明而知名。像這樣的智力，究竟是怎樣演化而來的？

鳥類的大腦，並不存在像人類腦子一樣的大腦皮質，所以最基本的結構就已經不同。但是，這並非說我們無法去研究他們的心智。以演化的機制而言，有時會發生「在演化上相距非常遠的物種，卻發展出相似功能」的情況，在演化的專有名詞裡，我們稱這叫做**趨同演化**（convergency）。所以，這是一種著眼於演化起源不同，但卻擁有類似功能——也就是著眼於「相似性」——的研究方法。

而我，採取的是前者「起源相同」的方法，以和人類來自同一祖先、而現在仍生存在地球上的黑猩猩為對象，希望能研究出他們和人類究竟有哪裡相同，哪裡相異。

黑猩猩在分類上屬於人科

二〇〇九年，京都大學靈長類研究所曾編著出版《新・靈長類學》一書（暫譯，原書名『新しい霊長類学』，講談社 Blue Backs）。直到現在，仍有許多人在聽到「靈長類學」時會誤以為那是「猿猴學」，但這個觀念，是個天大的錯誤。「靈長類」指的並不只有猿與猴，人也是靈長類。（譯注：猿與猴是不同的靈長類，不可混為一談。）

街頭巷尾充斥的書籍出版品裡，有些書名會取成像是「人類與靈長類」這樣的標題。會下「人類與靈長類」這種標題，我想，顯然是因為覺得「靈長類就是指猴子」的關係吧。但是如果我說「人類與哺乳類」，你聽了會不會覺得有點怪怪的？而要是我說「人類與脊椎動物」，就很明顯相當莫名其妙了吧。因為，人類既是脊椎動物，也是哺乳類啊！

「人類與靈長類」也是同樣的錯誤。如果是像「人類與鳥類」或「人類與魚類」這樣，與不包含本身在內的東西進行對照，就沒有問題。但是，跟包括自己在內的東西做對照，則是件奇怪的事。「人類與靈長類」，根本沒辦法拿來對照。就算真的要對照，也該說是「人類與人類以外的靈長類」，才是正確的表達方式。

還有另一件重要的事，也希望讀者能記得，那就是「黑猩猩在生物分類上屬於人科」。

「人科，人屬，現代人種」這種說法，給人一種「人類是一種獨一無二的特別生物」這種感覺。很多人誤以為人類這種生物，在生物分類學上是一種單科單屬單種的存在，但這卻是個錯誤的觀念。在生物分類學上，目前通用的觀念是認為人科底下共有四屬——換句話說，人科底下不是只有**人屬**（*Homo*），還有**黑猩猩屬**（*Pan*）、**大猩猩屬**（*Gorilla*）以及紅毛猩猩屬（*Pongo*），總共四屬。

還有，黑猩猩不是只有在學術領域被列在人科底下，在法律上也是。日本的法律，已經把黑猩猩分類在人科裡面了。

比方說，為了呼籲大家「這個物種已經瀕臨滅絕了，請大家一起來保護他們吧！」而訂定的〈物種保存法〉或〈動物愛護法〉等法令裡，列有著瀕臨絕種動植物的物種清單。裡面，就以明文寫下了「人科黑猩猩」。因此，黑猩猩不是只有在學術領域上被分類為人科，在法律面也是列在人科之下。請各位千萬要記住，「人科一共有四屬」。（譯注：人科包括人與大猿，另外還有體型比較小的「小猿」，就是長臂猿。小猿、大猿與人構成「人超科」。）

人與黑猩猩究竟有什麼差異？

人類與黑猩猩的**基因組**（genome）定序——亦即核DNA的鹼基排序，已經在二十一世紀初完成。活在二十一世紀的人，與我們這種生活在二十世紀後半的世代的巨大差異，就是他們是史上第一個「能以基因組的角度看待人類這種生物」的世代。

基因組genome這個字，是由意指「基因」的gene，以及意指「染色體」的chromosome

合併而來的新字，意指一個生物的所有遺傳資訊。以人類而言，人類的基因組分散在二十三對——亦即四十六個——染色體裡。而黑猩猩則擁有二十四對——亦即四十八個——染色體。染色體中的遺傳物質是DNA，遺傳訊息儲存在DNA分子的鹼基（nucleobase）序列中。鹼基共有四種：**腺嘌呤**（Adenine，簡稱A）、**胸腺嘧啶**（Thymine，簡稱T）、**鳥嘌呤**（Guanine，簡稱G）以及**胞嘧啶**（Cytosine，簡稱C）。人與黑猩猩的基因組都超過三十億個鹼基，其中有功能的段落叫做「基因」。位於「基因」段落裡的鹼基，每三個一組定義一個**氨基酸**（amino acid），那些氨基酸排列在一起構成蛋白質，蛋白質是生物的建材與生化反應的觸酶。

人類基因組已經定序完成，初稿在二〇〇一年，完整版已在二〇〇四年公布。由三十億個鹼基構成的「人類」這種生物的所有遺傳資訊，已經全數定序完畢，那讓我們瞭解到，人類的基因共有兩萬數千個。而除了人類以外，細菌裡的大腸菌（*Escherichia coli*）、植物裡的阿拉伯芥（*Arabidopsis thaliana*）以及動物裡的家鼠（*Mus musculus*）的全基因組，也已經定序完成。令人驚訝的是，人類並沒有因為身為人類，基因組跟別的生物比起來就特別大，基因的數目也沒有特別多。

雖然不像人類的全基因組定序這麼廣為人知，黑猩猩的全基因組也已經在二〇〇五年定序完畢。黑猩猩的全基因組也是由約三十億個鹼基所構成，基因的數目也幾乎相同。如果把人類與黑猩猩的基因組拿來比較，以DNA的鹼基排列方式而言，其差異僅約一‧二％——換句話說，約有九十八‧八％相同。

人類有高達九十八‧八％和黑猩猩一樣，而黑猩猩則是和人類有九十八‧八％相同的生物。

日本獼猴的基因組定序，現在正在進行中，即將完成。同樣屬於獼猴屬（*Macaca*）的恆河猴（*Macaca mulatta*）基因組，已經在二〇〇七年定序完畢。以核DNA的鹼基排列方式而言，人類與獼猴之間的差異約是六‧五％左右。

如果我們把人類、黑猩猩和日本獼猴排在一起，大概怎麼看，都會覺得黑猩猩和日本獼猴比較像吧。但是實際上，卻是人類與黑猩猩比較相近，獼猴則自己成為另外一種動物。

當然，這三者之間存在著共同的祖先，據推測約是在三千萬年前。三千萬年前，獼猴由這共同祖先分化出來，獨自朝向成為獼猴之路演化。在那個時點，人類與黑猩猩還是屬於同一種生物。那種生物一直延續種族命脈，到大約五百萬年前，才分化為人類的系統與黑猩猩的系統。

二十一世紀，是個以基因組的角度看待人類這種生物的時代。在黑猩猩的基因組完成定序的前一年，稻子的基因組也已定序完畢。結果，無論人類、黑猩猩或是稻子，都是由四種鹼基攜帶的資訊而成形。令人驚訝的是，把從稻子基因組裡找出來的基因與人類的相互比較，會發現相同的部分約有四十％。人類與稻子的生命，彼此連結在一起。

地球誕生以來，至今約過了四十六億年，而生命的誕生，推估是發生在約三十八億年前的事。誕生在地球上的生命，在這漫長的歲月裡，不斷改變其形態與外貌，延續命脈至今。比較人類與黑猩猩的基因組，我們瞭解到這兩種生物在遺傳上是極為相近的，幾乎是同一種生物。

再延伸思考，不只是人類、黑猩猩以及獼猴的生命曾經串連在一起，連老鼠、稻子或甚至櫻花樹身上，都流著同樣的血脈。透過對基因組的研究，我們開始能真正感受到人類與櫻花樹是同樣的生物——這，就是基因組的世界觀。

第二章

生命史

——人類會共同養育

我是在一九八六年，開始對野生黑猩猩進行野外觀察研究，地點則是在非洲西部幾內亞共和國（Republic of Guinea）的博蘇村（Bossou）。每年一次，由十二月起到一月的大概一個月時間左右，我會去博蘇調查住在那邊的野生黑猩猩。這是一個長期持續的調查計畫，到二〇一〇年為止，已經邁向第二十五年。

博蘇的黑猩猩，因為會使用石器而一躍成名。他們會把一組石頭分別當做榔頭和底座，敲開油棕櫚那外殼堅硬的種子，取出裡面的核仁來食用。

現在，共有一群十三位黑猩猩生活在博蘇。因為我把每一位都取了名字，一直長期觀察到現在，所以認得哪位黑猩猩是誰的孩子。我不只是觀察，還進行野外實驗，詳細調查了他們使用工具的實際狀況。關於工具的使用，我將在第五章裡詳述。

隨著時光不停流轉，在經年累月持續不斷地觀察野生黑猩猩之後，我終於大概能約略看得清楚，黑猩猩到底過了什麼樣的一生。也瞭解到，黑猩猩的壽命最長約是五十年。這麼一來，所謂的觀察了二十五年，我其實也只是看到了黑猩猩生命中的半生而已。

即使如此，如果把生活在博蘇的黑猩猩，從剛生下來的黑猩猩寶寶到五十歲的老黑猩猩全都算進來的話，在這二十五年裡，我大概把黑猩猩基本上的一生都看盡了。雖然現在這個族群只有十三位，但如果加上那些已經過世的，或是已經離開這個族群不知去向的，這樣加總起來，至今為止我在博蘇觀察過的黑猩猩，總共有三十五位。

接下來我就要告訴各位，在這樣的長期持續觀察之後，我漸漸了解到的，「人，何以為人？」的答案。

存在野生黑猩猩的地方

非洲很大。把美國、歐盟、印度、中國和阿根廷全都加起來，還沒有非洲大。非洲沒辦法用只「非洲」兩個字形容。非洲的地貌涵蓋了熱帶森林到沙漠，有著膚色和語言都相異的各種族人們在裡面生活。請各位先把「非洲擁有如此多樣性」這件事，記在腦海裡。

非洲北部有一片名叫撒哈拉（Sahara），大得無邊無際的沙漠。在撒哈拉沙漠以南，沿著赤道的區域，則廣布著一大片熱帶雨林。黑猩猩就住在那個熱帶雨林，以及其周邊的稀樹草原裡（詳見【圖2】）。以國家來看，東自坦尚尼亞（United Republic of Tanzania），西到幾內亞與塞內加爾（Republic of Senegal）一帶，都是黑猩猩棲息的地區。

就我們目前所知，黑猩猩一共分成四個亞種（詳見【圖1】），通稱東部黑猩猩、中部黑猩猩、奈及利亞黑猩猩以及西部黑猩猩。我們在動物園看到的，多數是西部黑猩猩，也就是黑猩猩西部亞種。我就是在幾內亞共和國一個叫做博蘇的村子裡，針對那種西部黑猩猩進行野地觀察研究，直到現在。

幾內亞共和國的面積約有日本的三分之二大（編按：約為台灣面積的六點八倍），首都科納克里（Conakry）位於國土西邊大西洋岸。從科納克里移動一千零五十公里之遙，經過瑪木（Mamou）、法拉納（Faranah）、恩澤雷科雷（Nzerekore）等城市後，就抵達博蘇村（詳見【圖3】）。這個距離開車前往，需要花上整整兩天。

幾內亞這個國家，沒有大眾運輸工具。雖然有運鋁礬土（aluminous

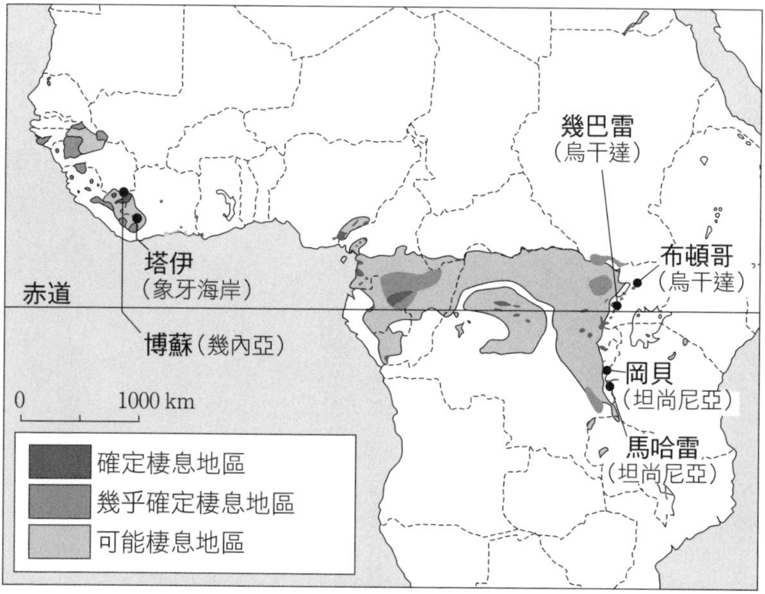

【圖2】野生黑猩猩的主要棲息地區與六個主要調查地點

soil）用的鐵路，但沒有給人乘坐的火車，也沒有公共巴士。那麼，幾內亞人到底靠什麼移動？靠的是一種叫做Bush Taxi的共乘小巴。至於我，我們有自己的車，所以是自己開車去。

幾內亞共和國的東南隅有一座叫寧巴山（Mount Nimba）的山，彷彿富士山之於日本一樣，是西非的地標。這座位於幾內亞、賴比瑞亞（Republic of Liberia）以及象牙海岸（Republic of Cote d'Ivoire）三國國境的山峰，是幾內亞境內唯一的世界自然遺產。而這座山位在另一邊象牙海岸國境內的部分，同樣也已名列世界自然遺產，是森林幾內亞地區

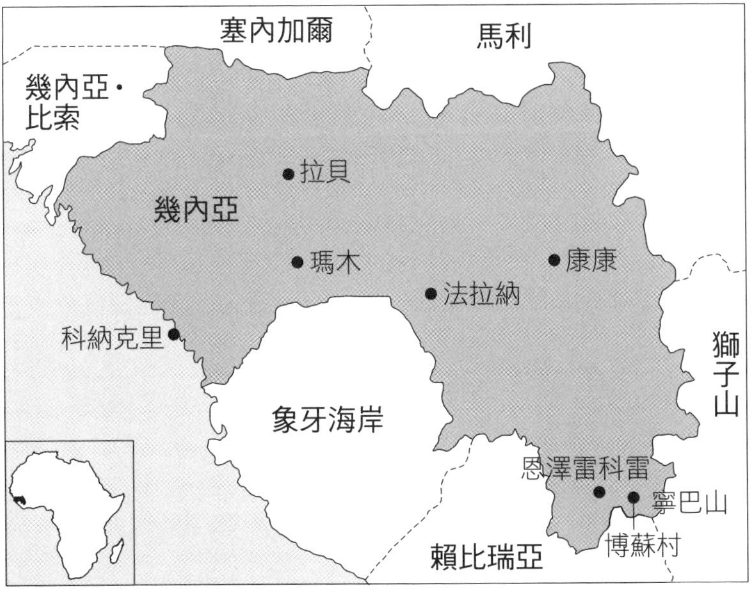

【圖3】博蘇村位置圖

（Forested Guinea）的核心。森林幾內亞地區是足以和剛果盆地（Congo Basin）並列的生物多樣性熱點，尼日河等河川則以這裡為水源，向外奔流而去。

在寧巴山山腳下，略偏外圍之處，有一個叫做博蘇的村子。村莊周邊有些小丘圍繞，被森林所覆蓋。

自一九七六年起，就有科學家在博蘇這裡持續進行黑猩猩的調查研究。最早開始的學者，是曾任京都大學靈長類研究所所長的杉山幸丸，我則以第二任研究者的身分參加調查。自當時開始，直到現在，一直有許多研究人員在博蘇及寧巴山進行研究。

博蘇村和非洲其他黑猩猩研究地點最大的不同，在於這裡的黑猩猩，就棲息在人口極為密集的地區旁邊（詳見【圖4】）。博蘇村的人口約有三千人，而在村子周遭的森林裡，就居住著黑猩猩。

和其他地方的黑猩猩不一樣的是，博蘇的黑猩猩被村人當作該地區的「圖騰」（Totem）保護著。所謂圖騰，是該部族的信仰對象，也就是那個部族的守護神。博蘇的黑猩猩之所以受到保護，並不是因為身在保護區裡，而是因為當地的瑪儂人（Manon）基於一種類似泛靈信仰的原始宗教信念，嚴禁獵食黑猩猩。

每個村落的圖騰，依構成該村落的部族而異。有的部族只把黑猩猩視為圖騰，有的部族

【圖4】博蘇村的風貌（松澤哲郎攝）

只把狗視為圖騰。有的部族把黑猩猩和蝸牛都當成圖騰，有的部族則把黑猩猩和狗都當成圖騰。部族成員不可以吃被視為圖騰的動物。他們相信如果吃了那些原本應該是自己守護神的動物，身上就會長疹子甚至長出膿疱。

最早建立博蘇這個村子的左比拉族人，視黑猩猩為圖騰，所以不會獵食黑猩猩。據說後來來到這裡的古米族人，也把黑猩猩視為圖騰，因此也不會獵食黑猩猩。

但話雖如此，由於和人類近距離一起生活，黑猩猩會把那附近人類視為經濟作物的香蕉、木瓜、柳橙、樹薯等，拿來做食物吃；也會吃稻子。黑猩猩吃稻子時，不是吃結出米來的稻穗，而是啃食稻桿。稻桿一被啃食，就會有略帶微甜味的汁液流出來（因為我也曾把稻桿拿來啃啃看，所以知道箇中滋味）。所以現實上的情況是，雖然身為圖騰，但這裡的黑猩猩和居民間的關係其實並不是太好，就和日本獼猴在日本造成的猴害一樣。

黑猩猩的世界裡，當女性黑猩猩成長到適當年紀後，就會遷出社群，出走到別的地方去。博蘇村的年輕女性黑猩猩也是一樣，確實都毫無例外地，在十歲左右——也就是即將產子前，或產下第一個孩子後——全都消失不見。我的猜測應該是移居到附近的其他社群裡了。

女性的移居，應該是為了避免發生近親交配的自然法則。相對地，卻沒有其他社群的女性黑猩猩移居到博蘇的黑猩猩社群裡來。查看過去三十五年來的紀錄，也完全沒有任何一位移居到博蘇村來的女性黑猩猩案例。我想，也許是因為這裡周圍都被人類的生活圈包圍著，造成族群孤立，其他族群的黑猩猩不容易進來的關係吧。

博蘇村裡，京都大學研究設施和幾內亞的研究設施比鄰而建。幾內亞的研究設施名為博蘇環境研究院（IREB），是一個由幾內亞共和國高等教育科學研究部所管轄的國立研究機構。這所研究院不是設在首都，而是設在世界自然遺產的山峰腳下——以這個角度而言，可說是一所功能相當獨特的研究機關。設置該研究院的目的，是希望日本人和幾內亞人能夠一起合作，推進以黑猩猩為首的各種動植物，然後進而是環境科學的研究。但以現況而言，似乎難以如理想般地共同作業。

二十五年前，我第一次到那裡開始調查時，博蘇村還沒有電力。每到晚上，整個是一片黑暗，是那種除了「答咚、咚、咚、答答、咚咚」的鼓聲外，四周只有一整片非洲漆黑的夜。然而，像這樣自然的非洲森林風情，也已經快速地在消失了。

以前在野外調查日的晚上，大家總是會在房間裡圍在煤油燈旁，一邊整理田野調查紀錄，一邊小小聲地講話。像這樣的光景，已經再也看不到了。現在變成是直接啟動發電機，大家各自面對電腦，忙著輸入資料，看起來就跟一間網咖沒什麼兩樣。這兩年左右，行動電話也開始普及，從日本直接打電話到博蘇來，也已經變得稀鬆平常。

隔著稀樹草原，距離博蘇的森林約五公里處，就是前面提到過的寧巴山森林。寧巴山雖然是幾內亞境內唯一的世界自然遺產，但處於相當危急的狀態。事實上，整座寧巴山都是由鐵礦石所構成，包括歐美和日本在內的外國資本為了取得那些鐵礦石，爭相打算從山頂一路開挖這座山。被指定為世界自然遺產這件事，幾乎沒發生任何用處。

自從一九九九年起，我們也在寧巴山建立了研究調查地點。這裡與博蘇村的研究設施一百八十度相反，到現在仍是一間用椰子葉梗所蓋成的小屋，維持著過往在非洲進行調查研究時，最早期的那種光景。小屋裡設有簡單的廚房，讓研究人員能在這裡炊煮食物，進行連住數天的調查。

到了最近，黑猩猩也變得習慣人類的存在了。以前只要看到研究人員的身影，黑猩猩就會馬上逃走，但現在逃也不逃，就這樣待在那裡。也許他們已經知道這些研究人員並沒有危險了吧。像這樣「不怕人」的情況，變得愈來愈明顯，研究人員已經能夠識別每個個體，為他們拍照片了。

黑猩猩的生活

博蘇黑猩猩的食物，基本上以素食為主。

他們以果實為主食，也會吃樹葉或嫩芽、樹皮、樹液凝固而成的樹脂等等，還會吃木瓜（詳見【圖5】），也會拔人類種的樹薯來吃。也會吃香蕉——但不是吃我們人類吃的所謂「果實」那部分，只吃藏在直徑粗達二十公分的主幹裡、約小指粗細的柔軟樹心。

其他像是白蟻或螞蟻等昆蟲，黑猩猩也會吃。博蘇的黑猩猩雖然幾乎都吃素，但是會捕捉穿山甲——一種全身披覆鱗

【圖5】正在吃木瓜的黑猩猩（巴斯卡・古米〔Pascal Goumy〕攝）

片、體長約五十公分的動物——食用。在非洲的其他地區，有的黑猩猩會抓猴子來吃，有的會抓鹿或山豬等動物來吃，肉食也是相當常見的現象。

再者，黑猩猩在日常生活裡，就常使用工具。

他們會用一組分別當做底座和榔頭的石頭敲開油棕櫚的種子，或是用工具擣椰子、釣白蟻、撈水藻等等，以獲取食物。工具並非是偶爾才碰巧用到的東西，而是他們的生存必需品，使用頻率相當頻繁。根據靈長類學家山越言的調查顯示，黑猩猩在一整年之中跟用餐有關的活動時間裡，約有十五％的時間是用在「以工具取得食物」上。

但是，會使用何種工具，則依黑猩猩的社群而定，彼此有文化差異。比方說，博蘇的黑猩猩會使用石器，但住在僅距約五公里之遙的寧巴山的黑猩猩，卻不會用石器。我們曾經在寧巴山做過野外實驗，把石頭和油棕櫚的種子放在地上，把一種叫做「自動照相機」的攝影機固定在樹上，設定為自動攝影。只要有黑猩猩經過，都會被清楚地拍下來。雖然我們持續進行觀察，但從來不曾看過他們拿石頭來敲油棕櫚的種子。關於黑猩猩使用工具的文化，後面馬上會為各位做更詳細的說明。

還有一點要說明的是，黑猩猩會使用聲音來進行溝通。

「哈哈、哈哈哈哈」是玩耍時的笑聲。露出牙齦、發出「嘎—嘎—」的聲音，是被嚇到時的悲鳴。把嘴唇突出去發出的「呼—呼—」聲，是心裡覺得害怕、有些什麼不安時的聲音。

黑猩猩也會用聲音來互相打招呼。如果朝著位在遠方、看不見的同伴大聲叫出「呼—呵—呼—呵—呼呵呼呵呼呵，嗚喔—呵呵呵」的聲音，那麼對方也會以同樣的大音量，唱和著「嗚喔—嗚喔—」。這是一種叫做**高聲氣促**（pant hoot）的長距離招呼聲（詳見【圖6】）。如果聽到這樣的聲音傳來，只要仔細聽，從聲音就可以分辨出對方是誰。加上聲音的方向和距離，就知道誰現在在什麼地方。回想起那個聲音來源地點的附近狀況，就想到之前經過那裡時，看到很多無花果已經成熟。

【圖6】以高聲氣促的叫聲，呼叫位在遠方的同伴（巴斯卡．古米攝）

所以現在那位黑猩猩肯定正在那棵樹上，大快朵頤可口的無花果——連這樣的事情，都能判斷得出來。

如果是近距離的打招呼，用的就是另外一種叫做**呼嚕氣促**（pant grunt）的聲音。當地位較低的黑猩猩靠近地位較高的強壯黑猩猩時，他會低下頭，拱起背部把自己縮小，發出「咯咯咯咯」的聲音。相對地，地位較高的黑猩猩則會伸出手來輕觸對方的頭或身體，好像在說：「好，好，好乖好乖。」一樣。觀察肢體動作，就能確認其地位高低。

吃東西時，則會發出「啊、啊、啊啊」般的聲音。只要聽到這種叫做**用餐呼嚕**（food grunt）的聲音，就知道那位黑猩猩現在正在吃東西。

黑猩猩像這樣的叫聲種類，共有約三十種左右。雖然無法跟人類的語言相比，但黑猩猩的世界裡，還是存在著黑猩猩之間的聲音溝通行為。

文化上的差異

顯示出黑猩猩存在有文化的最明確案例，我想，應該是前述的「工具使用」。

居住在坦尚尼亞岡貝（Gombe，詳見【圖2】）的黑猩猩，會用工具釣白蟻，這件事非常有名。這是珍古德（Jane Goodall）女士，在一九六〇年底發現的事實。岡貝的黑猩猩，會用一根細枝插進白蟻塚的孔穴裡，驚動白蟻過來咬住細枝，再拉出來舔食。

但是，博蘇村的黑猩猩並不會釣白蟻。博蘇這裡有白蟻，也有蟻塚，博蘇的黑猩猩也吃白蟻。白蟻的生活史，是從蟻塚爬出來，羽化後張開翅膀四處飛散，翅膀掉落後就鑽進地下生活。博蘇的黑猩猩是去抓那些爬出蟻塚的白蟻吃。但是，不會釣白蟻。

順便補充一下，那些羽化後跑出來的白蟻，對人類而言也是一道美味。博蘇的村人們會去撿拾這些白蟻，在太陽底下曬乾後食用。吃起來有一種脆脆的口感，帶點微微的甜味。

當黑猩猩把藤蔓或樹莖插進白蟻塚裡面時，眼睛並沒有看到白蟻。在這種情況下「特地拿藤蔓或樹莖來插進蟻塚」這件事，表示他們已經對「裡面那些看不見的東西是確實存在的」有所理解。然後，當感到大概是「釣到了」這樣的感覺後，就把細枝拉出來舔食。像這樣的釣白蟻行為，岡貝的黑猩猩會做，但博蘇的黑猩猩不會做。

但另一方面，博蘇的黑猩猩則會使用石器（詳見【圖7】）。他們會用一組石頭分別當做榔頭石和底座石，敲開油棕櫚種子的硬殼，取出藏在裡面的核仁來食用。

但是，岡貝的黑猩猩不使用石器。那裡有油棕櫚的種子，當然也有石頭。可是岡貝的黑猩猩不會特地花力氣去敲開堅硬的種子外殼，吃裡面的核仁。核仁因為藏在種殼裡，從外面並無法看到。我想，岡貝的黑猩猩基本上應該根本就不知道，種子裡面包著美味的核仁。

油棕櫚在那又大又硬的種子外殼外面，有紅色的果肉。把那果肉拿來榨油，就能製造出食用油。榨出來的油能製成可食用的棕櫚油或是乳瑪琳（人造奶油），是非常重要的食料來源，另外也能用來製成洗潔劑。無論岡貝或是博蘇的黑猩猩，都會吃油棕櫚種子外面的紅色果肉。可是博蘇的黑猩猩還會再用工具把堅硬的種子敲開、取出裡面的核仁來吃，但岡貝的黑猩猩則不會。

人類不也是這樣嗎？日本人會用筷子吃生魚片，但並非世界上所有人類，都會

【圖7】正在用榔頭石和底座石敲開油棕櫚種子的博蘇黑猩猩（野上悅子攝）

用兩根細長的棍子當餐具、吃沒煮過的生魚。每個不同的地區，各有自己的文化傳統；以什麼為食物、用什麼當餐具，皆有所本。而我們也漸漸瞭解到，這種和人類一模一樣的情況，在黑猩猩的社會裡也同樣存在。

文化差異，也表現在他們的聲音溝通行為上。

前面提到的近距離打招呼聲「呼嚕氣促」，似乎是每位黑猩猩都天生就會的共同語言。但做為長距離招呼聲的「高聲氣促」，則似乎存在著不同的方言。

標準的高聲氣促，聽起來是「呼─呵─呼─呵─呼呵呼呵呼呵─嗚喔─呵呵呵」。這段聲音，其實是由四個段落組成。首先是「呼─呵─呼─呵─」的前奏部分。接下來是「呼呵呼呵呼呵」漸漸愈來愈高亢的漸強部分。隨即是「嗚喔─」的高潮部分。最後則是「呵呵呵」的完結部分。是由前奏、漸強、高潮以及完結的四小節，所構成的一串聲音。

但是在別的地方──比方說，生活在烏干達幾巴雷（Kibaale，詳見【圖2】）森林裡的黑猩猩族群，就沒有中間的那一段漸強部分，叫起來是「呼─呵─呼─呵─，嗚喔─呵呵呵」。我也聽說有其他族群的叫聲，存在著前奏、漸強與高潮，但沒有完結部分。也就是很明顯的，隨著族群不同，高聲氣促的叫聲也有差異。

這告訴我們，「以高聲氣促進行長距離溝通」這個基本行為，無論哪個地區的黑猩猩都相同，是與生俱來的本能。但是，那段聲音是以什麼樣的模式組合而成，則可能存在有文化上的不同變化。

社會

黑猩猩的社會是父系社會。爺爺、爸爸、兒子會留在族群裡，女性黑猩猩則到了適當的時期，就會離群而去——大概都是在十歲前後，已經成熟到具有繁衍後代的能力時離開原生族群。

在日本常見到的日本獼猴，採用的則是相反的母系社會。奶奶、媽媽、女兒留在族群裡，男性猴子則在成長到適當時期後離開。因此，單獨一隻的猴子或是離群的猴子，全都是男性猴子。

全世界的哺乳類種類，約有五千種左右，大體上以母系社會為多。大象、獅子、長頸鹿都是母系社會，採用父系社會的哺乳類不多。即使我們把範圍限縮為哺乳類中的靈長類，父系社會也很少見。採用父系社會的，大概只有黑猩猩、蜘蛛猴（*Ateles*）、紅尾長尾猴（*Cercopithecus ascanius*）和捲毛蜘蛛猴（*Brachyteles arachnoides*）而已。

無論採用的是父系社會或是母系社會，可說都是為了避免發生近親交配的一種自然法則。無論雄性或是雌性，如果雙方都繼續一直留在族群裡，就會在血緣相近的情況下生下小孩，造成血統愈來愈單一。要避免這種情況，自然界裡只有三種方法——雌性離群而去的父系社會，雄性離群而去的母系社會，或是無分性別全都離群而去的社會，這三種其中一種。

第三種「無分性別全都離群而去」的小家庭型社會，以靈長類而言，長臂猿（*Hylobates*）就是採用這種模式。這樣的社會裡，家族是由父親、母親以及子女所構成；子女無論性別，長大後便離開自己出生的家族。現代人的社會，也接近這樣的形態。

黑猩猩的社會，是由複數的男性黑猩猩和複數的女性黑猩猩所組成。日本獼猴也是一樣。但是長臂猿的社會，基本上則是由一對配偶所組成。靈長類裡，另外也還存在其他不同模式，比如由一位雄性配上複數雌性的**後宮型社會**等，像阿拉伯狒狒（*Papio hamadryas*）就是一例。

黑猩猩的社會裡，由於存在著幾位成年男性黑猩猩與女性黑猩猩，對小黑猩猩來說，他們理所當然地知道誰是自己的母親，卻不曉得父親是誰。族群裡的成年男性黑猩猩，可能是自己的爸爸，也可能是比自己年長許多的哥哥，或者可能是叔叔伯伯或祖父……畢竟，所有的男性黑猩猩都會留在族群裡，不會離去。

那麼，再讓我們站在成年男性黑猩猩的角度看看。從別的地方來了年輕的女性黑猩猩加入族群，和大家都發生性關係。所以小黑猩猩到底是不是自己的小孩，沒有人知道。但小黑猩猩就算不是自己的小孩，無論如何也會是爸爸又生下來的比自己年幼許多的弟弟或妹妹，要不然就是自己的兄弟所生下來的姪子或姪女……因為一定是這幾種關係，所以也許雖有濃淡差異，但總之彼此身上流的是相同的血統。

對小黑猩猩來說，雖然不曉得誰是自己的爸爸，但每位成年男性黑猩猩，都是像父親一般的存在——也就是說，有一個媽媽，以及一群「爸爸們」。這，就是黑猩猩的社會形態。

像這樣的黑猩猩社會，規模大概數十位左右。偶爾也有百位以上組成的族群，但不會多到上千位。原則上是由數十到最多一百數十位左右的個體，居住在同一個地區。日本獼猴的族群會整個族群一起遊動（譯注：「遊動」特指哺乳類的個體或群體在一片大範圍區域中，一邊移動一邊生活的情形），但黑猩猩的族群則不會整個族群遊動，大概總是呈現出一個地區的集團（社群），又分成數個小集團的情形。

小集團從那種只有一位的小集團，一直到把整個族群成員全都包含在內的巨大小集團，什麼規模都有。正如「三三兩兩」這個形容詞所形容的一般，三三兩兩、四分五裂，分久必合、合久必分，小集團的成員總是不斷地變動。

出現在觀察者面前的，就是像這樣的，成員不斷來來去去的小集團。但是觀察過一段相當長的時間後，就能看出在某個地區裡，只會存在著某些特定的成員。這些成員，就是屬於同一個族群，也就是同一個社群。如果再把眼光擴得更大、觀察更大片的區域，會發現那裡面有數個劃分明確的族群，相互比鄰而居。這種比鄰而居的黑猩猩族群，處於敵對的關係。彼此之間感情不睦，會互相爭鬥。成年的男性黑猩猩們，會負責巡視自己族群的地盤周邊。

生命史

博蘇村的黑猩猩社群裡最新出生的黑猩猩寶寶，是誕生於二〇〇九年十一月十八日的喬德雅蒙（譯注：本書日文原版出版後的二〇一一年十一月四日，凡蕾生下她的第二個孩子，成為博蘇黑猩猩社群裡最年幼的新血）。我第一次見到她，是在她剛出生還沒滿月時。喬德雅蒙這個名字，是用當地的瑪儂語取的，意思是「希望」。出生後有段時間，我們都不曉得喬德雅蒙的性別，到了二〇〇九年十二月二十四日聖誕夜時，才終於知道她是個女生。令人遺憾的是，這位幼黑猩猩在二〇一〇年六月感冒，還沒能過一歲生日，突然間就夭折了。

喬德雅蒙過世後，現在，博蘇的黑猩猩社群裡年紀最小的成員，是出生於二〇〇七年九月十四日的男性黑猩猩佛朗雷（Flanle）。他的母親凡蕾（Fanle），年紀也還很輕（詳見【圖8】）。

從一九七六年起到二〇一一年持續觀察博蘇社群的變化，我把數據整理在【圖9】裡。博蘇的黑猩猩社群最龐大時有二十二位，現在則是十三位。

二〇〇三年年底時，由於呼吸系統感染症（流行性感冒）的肆虐，造成一年之內共有五位黑猩猩死亡。那時死去的包括兩位年老的女性黑猩猩、兩位幼黑猩猩，以及一位十歲左右的男性黑猩猩。博蘇的黑猩猩社群個體數，因為這件事而驟減，到現在才稍有回升。目前博蘇的黑猩猩社群，高齡者所占的比例很大，年輕的黑猩

【圖8】佛朗雷（右）和他的母親凡蕾（松澤哲郎攝）

猩數量不多，成為一個少子高齡化的社會。

這張圖表讓人覺得難以理解的，是在我開始觀察的一九七六年當時，為什麼沒有高齡的黑猩猩存在這件事。在這三十五年裡，一開始就待在族群裡的七位女性黑猩猩們，陸陸續續都生下了後代。生下來的小黑猩猩裡面，有夭折的，有失蹤不知去向的，也有的到現在都還留在社群裡。如果以性別來分析，博蘇社群裡所有的女性黑猩猩（也就是女兒們）全都離開了族群。要不是在生產前離開，就是生下一位小黑猩猩寶寶後離開。留在社群裡的黑猩猩，毫無例外地，全都是兒子們（男性黑猩猩）。以這個角度而言，可說博蘇的黑猩猩社群和其他地方的黑猩猩社群一樣，都是父系社會。但是為什麼在剛開始觀察的時點，社群裡沒有老黑猩猩存在？我一直覺得很

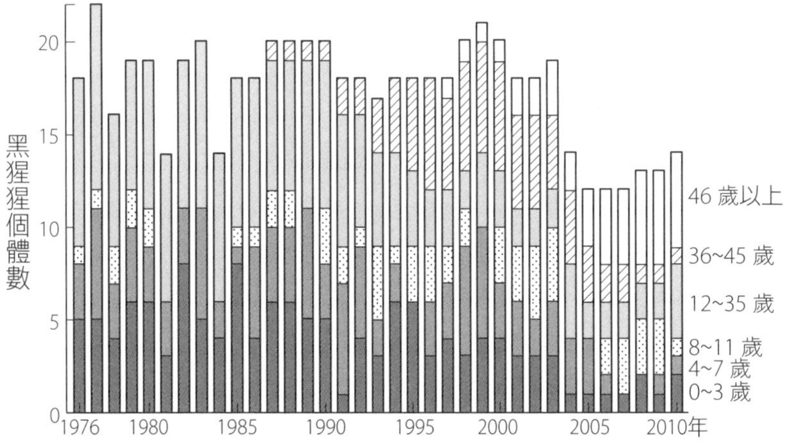

【圖9】博蘇黑猩猩社群的總個體數變化圖（每年一月一日的數量）

不可思議。針對這件事，我的推測如下：

二〇〇三年呼吸系統感染症流行時，高齡和年幼的黑猩猩都減少了。因此，也許過去在族群裡，曾經發生過類似這樣的傳染病流行事件。那時的疫病，造成高齡黑猩猩全數死亡，使得族群平均年齡變得十分年輕。我想，一九七六年以前，大概發生過這樣的事吧。正如同每個人都有壽命一樣，族群應該也有族群的壽命。現在的博蘇黑猩猩族群，也許正呈現出某種「接近族群壽命末期」般的狀態。每當看著像【圖9】這樣的統計圖，總讓我因為擔憂這個族群的未來，而覺得整顆心揪成一團。

在性別比例方面，長久以來，這裡的男性與女性比例一直維持在約一比二左右。博蘇族群的這個情況，與其他黑猩猩調查地區的狀況雷同。黑猩猩和人類一樣，也是男性的壽命較女性來得短。雖然剛開始時是一比二左右，但由於博蘇的黑猩猩族群一直沒有女性黑猩猩從外面進來加入，所以現在已經逐漸趨近一比一。

「祖母」這個角色

由於黑猩猩的壽命相當長，所以要完整掌握他們的生命史，必須耗費漫長的時間，連生存率或生育率等基礎資料，都難以彙整。珍古德女士從一九六〇年開始進行黑猩猩調查，到二〇一〇年為止，正好滿五十年；而我自己從一九八六年開始進行調查，到二〇一〇年正好滿二十五年。經過這麼長的時間之後，我們總算漸漸瞭解黑猩猩到底能活多久、女性黑猩猩到底能生育到幾歲為止。包括博蘇在內，非洲一共有六個黑猩猩的長期調查地區（詳見【圖2】），在這些地方觀察到的合計五百三十四件出生案例，就是基礎資料的資料來源。

【圖10】裡面，那條往右下方下降的虛線，顯示的是生存率。右軸的數值，是到該年齡時仍生存的個體占所有出生的總個體數的比例。我們可以看到，隨著年齡增加，生存率不斷往下降。剛開始的〇至四歲的數值是〇．

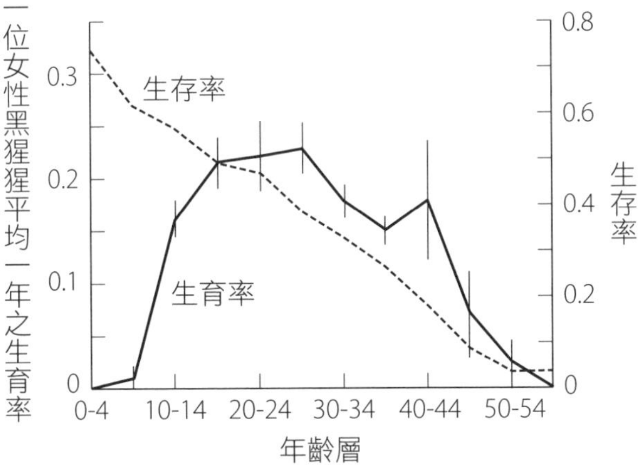

【圖10】野生黑猩猩的生育率與生存率（引用自 Emery-Thompson et al. (2007), *Current Biology*, 17: 2150-2156）

七，表示到四歲為止，生存率是七成，有三成的黑猩猩會死去。乳幼兒的死亡率相當高。生存率到五十歲時幾乎變成零，表示黑猩猩的壽命大約是五十年。

【圖10】裡的實線，顯示的則是生育率。左軸的數值，表示一位女性黑猩猩平均每一年會生下幾位小黑猩猩。我們可以看到，女性黑猩猩大概到了十歲就會開始生育，中間就一直生，生到大約四十歲左右。生育率的曲線相當平緩，約位於〇．二處，也就是說，一位女性黑猩猩從十歲以後就開始平均每五年生下一位黑猩猩寶寶。從十五歲

【圖11】推定年齡53歲的女性黑猩猩小凱。因2003年的流感而死亡（大橋岳攝）

左右到四十四歲左右都不斷生育，到五十歲都還能生育。總而言之，女性黑猩猩一直到死亡為止，會一直生育。

黑猩猩裡，也有年老的女性黑猩猩。【圖11】這張照片，拍的就是一位推定年齡五十三歲的女性黑猩猩小凱。她的臉，看得出來是一張歷經滄桑的臉。雖然有年老的女性黑猩猩存在，但是對黑猩猩而言，黑猩猩並沒有「祖母」這個角色。也就是說，黑猩猩的社會中沒有「身為母親的母親，已經停止生育，能幫忙照顧孫子的年長女性黑猩猩」這種角色。

為了與黑猩猩比較，讓我們來看看人類的生育率與生存率有什麼不同（詳見【圖12】）。圖表上半部的昆族人（Kung），是居住在非洲南部波札那共和國境內的採集狩獵民族；圖表下半部的阿契人（Ache），則是居住在南美洲中南部巴拉圭共和國裡的採集狩獵民族。這兩個民族的女性（人類的女性），自五十歲至六十歲起，生命步入一個嶄新的階段，「雖然繼續生存，但已不再生育」。

所以，如果我們由生存率與生育率所顯示的女性人類生命史來看，很顯然的，人類與黑猩猩有很大的不同。從女性的生命史來思考「人，何以為人？」，答案是：「黑猩猩的世界裡不存在祖母，人類的世界裡則有祖母這個角色。」

但是，也有例外存在。博蘇村的黑猩猩族群，有時候會發生女性黑猩猩生下小黑猩猩

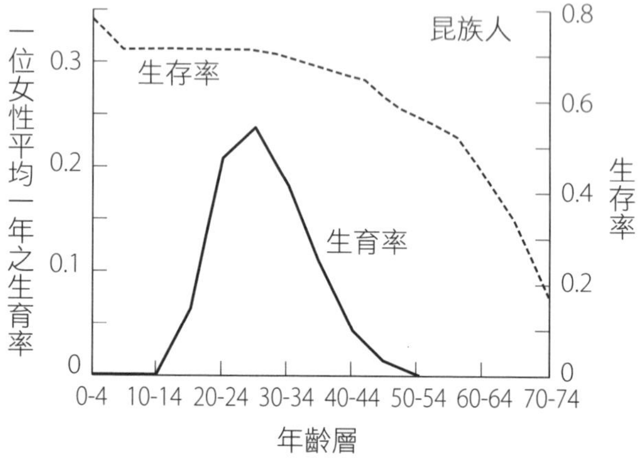

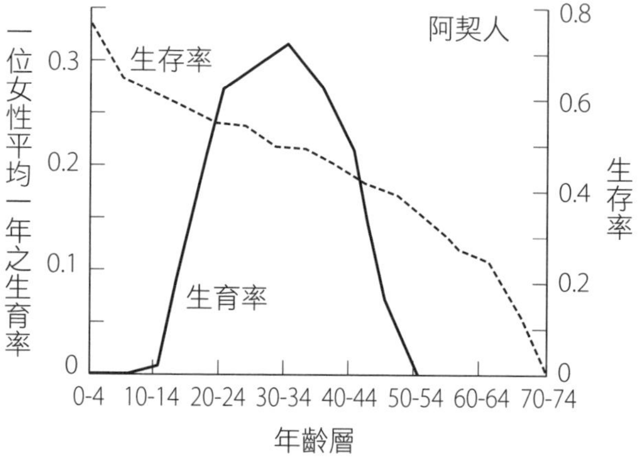

【圖 12】採集狩獵民族昆族人與阿契人的生育率與生存率（昆族人資料引用自 Howell (1979), *Demography of the Dobe !Kung*, Academic Press。阿契人資料引用自 Hill & Hurtado (1996), *Ache Life History*, Aldine de Gruyter）

後，並沒有馬上離開博蘇的情況。在這樣的時期，我就曾經看過很明顯是幫忙照顧孫子的祖母。比方說，薇璐曾經幫忙照顧女兒布亞布亞所生下來，叫做貝貝的黑猩猩寶寶；法娜（Fana）也曾經幫忙照顧女兒凡蕾生下來的佛朗雷。

較常看到的場面，是像這個樣子：媽媽正在用石器敲擊油棕櫚的種子，而這種時候，抱在胸前的小黑猩猩會變得礙手礙腳。此時，那位小黑猩猩就常會離開母親，到祖母那邊去玩耍——也就是由祖母幫忙照顧。少掉礙手礙腳的小黑猩猩之後，母親敲開種子的動作就變得俐落許多，以敲開種子的效率而言，確實有非常明顯的提升。

在這種情況下很顯然的，祖母的存在成為一種幫助。小黑猩猩暫時離開母親，母親則以石器高效率地敲開種子。另外，我也看過祖母把孫子背在背上移動的情況。博蘇村的黑猩猩，可說是一支存在著祖母角色的黑猩猩族群。

然而，以整體而言，黑猩猩的世界裡這樣的情況相當罕見。為什麼呢？因為基本上，年輕的女性黑猩猩會離開族群。因此，對年長的女性黑猩猩而言，自始就不會有機會去照顧到由自己的女兒所生下來的黑猩猩寶寶。而自己兒子的「妻子」，又是後來從別的社群遷入的，所以彼此的感情並不親密。因為這樣，所以不會去照顧那位女性黑猩猩所生下來的小黑猩猩——也就是自己的孫子女。

養育子女

黑猩猩的養兒育女，以生存率與生育率的角度觀之，存在著以下三個特徵：

首先，**女性黑猩猩約隔五年生一胎**。因此，黑猩猩媽媽不會有年紀只相差一歲的子女，黑猩猩也不會有差個兩、三歲左右的兄弟姐妹。換句話說，黑猩猩並不會有人類一般擁有「年紀差不多的兄弟姐妹」。

順帶一提，雖然依種族不同會有所差異，但人類平均而言，大約一百胎當中有一胎是雙胞胎。但黑猩猩的雙胞胎機率，則要在數百胎當中才有可能出現一胎。而即使出現了雙胞胎，要把兩位黑猩猩寶寶都養活，也是件相當困難的事。

第二個特徵，是**黑猩猩哺乳期非常長**。黑猩猩寶寶自從出生起一直到四歲左右，都會一直吸黑猩猩媽媽的乳頭——當然，並不是說黑猩猩寶寶在這段期間裡都全靠喝奶水長大。以營養角度而言，黑猩猩寶寶在出生大概滿半年左右以後，對固態食物的攝取就變得比乳汁重要。但由於黑猩猩寶寶還是會去吸母奶，所以，黑猩猩媽媽會一直泌乳。

一般來說，女性在哺乳期間，卵巢會停止排卵並不會有月經。結束哺乳之後，才會因為荷爾蒙的刺激使月經周期再度恢復。如果這時有性行為，才會懷孕生產。從懷孕到生產的生理機制，人類與黑猩猩幾乎完全相同。人類出生時體重約三公斤，黑猩猩則是略低於兩公斤。另外，人類約懷孕二百八十天後生下小孩，黑猩猩的懷孕期則為二百四十天。

第三個特徵，是**黑猩猩是由母親獨力撫養長大**。當黑猩猩媽媽等於是以「單親家庭的職業婦女」身分獨力撫養小猩猩。男性黑猩猩（黑猩猩爸爸）幾乎完全不參與對黑猩猩寶寶的照顧與撫養。女性黑猩猩約五年生一次小孩，歷經漫長的哺乳期，靠自己把孩子撫養長大。孩子到五歲自立之後，才會生育下一個孩子。「等到孩子自立之後，才會生下一個小孩」——這就是黑猩猩的養兒育女方式。

瞭解這件事之後，我們就能看出人類養兒育女方式的特徵。我們平常已經太過於把人類養兒育女的方式視為理所當然，所以未能察覺；一旦跟黑猩猩做對比，兩者間的差異令人訝異。人類在生產完畢後，只要寶寶斷奶就能生育下一胎。由於人類會餵母乳以外的離乳（斷奶）副食品給嬰兒吃、儘早結束哺乳期，所以就能懷下一個孩子。而人類也不是由全職媽媽單獨照顧子女，而是除了母親以外，還有許多人會幫忙照顧孩子。

黑猩猩爸爸是「心靈支柱」

黑猩猩爸爸幾乎不參與養兒育女。話雖這麼說，他們也不是完全置身事外。該怎麼說呢？黑猩猩爸爸所扮演的角色，應該說類似「心靈支柱」吧？也就是說，「有父親存在」的這件事，支撐著黑猩猩媽媽與黑猩猩寶寶的心靈。

什麼叫做「心靈支柱」？講得具體一點，就是保護族群成員們，免於受外敵侵擾。前面提過，黑猩猩的社會形態是有一位媽媽，以及一群「爸爸們」。爸爸們組成一個集團，保護著族群內的女性黑猩猩與黑猩猩寶寶。黑猩猩的族群與族群之間，會有競爭、會有磨擦，有時候甚至會發展成互相殘殺的情況——也就是戰爭。在這種時候，保護自己的族群不受其他族群欺凌，或是更進一步，保護自己的族群面對人類這個外敵，就是男性黑猩猩們的任務。

因此，男性黑猩猩雖然不會貼心地拿食物來給黑猩猩媽媽或黑猩猩寶寶吃，更不會每個月拿薪水回家，但是，以保護女性黑猩猩和小黑猩猩的這種「廣義的養育職能」而言，黑猩猩爸爸們還是確實參與了養兒育女的工作。

事實上，有男性黑猩猩在場的話，黑猩猩們的確會變得比較安心。我們做研究的人，沒有辦法完全消除身為觀察者的存在。要與野生黑猩猩建立到那麼親密的關係，其實非常困難，無法消除彼此之間的距離感。因此，觀察者的存在本身，就可能對被觀察的黑猩猩的行為造成影響——說得更簡單一點，就是如果有人在，被觀察的黑猩猩會感到害怕。可是，只要現場有成年的男性黑猩猩在場，無論是女性黑猩猩或是小黑猩猩，行為都會變得非常大膽。

以這個觀點而言，成年男性黑猩猩對黑猩猩寶寶而言，無異是一種相當於「爸爸們」的存在。我認為，他們的確成為黑猩猩寶寶的心靈支柱。

共育——人類會共同養育

與黑猩猩的養兒育女方式相互比較之下，到底突顯出人類有些什麼樣的育兒特徵？人類和黑猩猩非常明顯的不同，就是不是母親的人，也會幫忙照顧小孩。首先，身為伴侶的父親就會參與養兒育女的工作。除此之外，祖母也會參與養兒育女。祖父的貢獻度也許沒有祖母那麼高，但多少也會幫忙照顧小孩。叔叔、伯伯、舅舅、姑姑、阿姨或是哥哥、姐姐……等，甚至是沒有血緣關係的人都可能以保姆的身分，一起幫忙照顧小孩。

如果我們說黑猩猩的養育子女方式，是由母親獨自撫養一位小黑猩猩，直到他獨立之後再生育下一個小寶寶，那麼人類的養兒育女方式，就是在小孩子能獨立之前，就不斷地生下小孩。而耗費心力的照顧小孩工作，則由大家一起協助。

事實上，這樣的模式，可能是造成人類女性隱藏排卵期與生理期的原因。每當女性黑猩猩進入排卵期，外陰就會腫大並且變成粉紅色，讓旁觀者一看就明白，可說是積極地敲鑼打鼓宣示「**我正在排卵期**」。但以人類女性而言，現在是否正在排卵？並無法從外表上分辨得出來。

如果人類女性跟黑猩猩一樣，把自己的排卵情況廣為讓眾所周知，那麼男性會怎麼樣呢？對男性而言，讓其他正處於排卵期的女性生下小孩，才能儘可能留下最多子孫——也就是讓繁殖成功率上升。可是如此一來，人類的女性可就麻煩了。

為什麼？因為人類的女性，會一直繼續不斷地生下小孩，無法靠自己獨力養育。如果人類採用像黑猩猩那般專職、全職媽媽的模式，那麼，沒有男性的協助也沒有關係。但因為人類會一直不斷地生小孩，所以要是沒有別人幫忙，自己根本無法獨自養兒育女——最基本的，只要伴侶不幫忙，就沒辦法養育子女。

因此，為了獲得伴侶的協助，人類女性演化成隱藏自己的排卵期，刻意製造出「如果你沒一直把心思放在我身上，我可是會生下別人的小孩喔！」的情境。**如果男性和其他女人生下孩子，那麼，身為女性的策略，就是去懷別人的孩子。**

所以，以生物學的術語而言，人類的男性就必須時時刻刻看緊自己的性伴侶（mate guarding）。伴侶關係就是在這種情況下形成。這是在黑猩猩的社會裡看不到、只有在人類社會裡特別顯著的，一男一女之間的強力連結。

在靈長類裡，黑猩猩不會形成特定的夫妻組合，被稱為是多夫多妻制或亂婚制（當然，這並不是非常正確的用語）。相對而言，人類則演化成特定的一夫一妻制，因為人類必須養育接二連三不斷生出來的小孩。

那麼，為什麼人類會演變成要接二連三地生小孩？答案就在前面提到過的生命史裡。

人類的體型，比黑猩猩來得大。小黑猩猩剛生下來時，體重只有約不到兩公斤重，但人類則重達三公斤。因此，人類得花上更長的時間養育子女。如果黑猩猩從出生到獨立需要五年光陰，那麼人類的小孩從出生到能夠做到基本生活的自立（能夠自行進食、控制便溺），至少也需要七至八年。如果人類自十七、八歲起，每八年生一個孩子，那麼就是在十八歲、二十六歲、三十四歲、四十二歲時分別生下小孩，到五十歲若還要再生，就很難了。如此一來，一位人類女性一生之中只會生下四個小孩。如果人類的嬰幼兒死亡率和野生黑猩猩一樣高達三成的話，那麼四個小孩裡，能活下來的只剩二．八人……這樣的種族，根本沒辦法繁衍下去。

生理機制不可能改變。懷孕期也無法縮短。需要用在養兒育女上的時間，也沒有辦法減少。如此一來，能夠做的事情就是儘早停止對孩子的哺乳、恢復生理期以便排卵早點懷孕，好再生出下一個小孩。而這種選擇的代價，就是必須一次照顧好幾個極費心力的孩子……我想，人類應該是以這樣的方式演化而來的吧？

「為了養育眾多的子女，以結合為夫妻的方式製造出伴侶；再延長自己的壽命，延長生殖期間結束後的存活期間，製造出祖母這個角色，讓母親以外的人也都一起參與養兒育女，由大家合力把孩子們養大。」我們可以假設，人類在漫長的歲月裡，演化成了這樣的生物。

人類的女性由於受到養兒育女這件事的制約，因此會深愛著某一位男性。人類的男性由於必須看緊性伴侶，變得會深愛著某一位女性。

我想，基督教婚禮上的那段誓詞，正是一語道破了生物學上，人類男性與女性結合的真實面貌：

「你是否願意接受這名男子（女子）為夫（妻），在婚姻誓約中共同生活，無論健康或病患、富裕或貧窮、快樂或憂愁、順境或逆境，你都愛護他、珍惜他、尊重他、扶助他，終生忠貞不渝，絕無異心，以至奉召歸主？」

縮短成簡單的一句話，其實就是：「你們是否彼此相愛？」但其背後真正的意義，其實是在詢問：「**你們是不是已經做好準備與覺悟，要攜手共同養兒育女？**」

人類究竟是什麼？那個答案就是**共育**——共同養育子女。共育才真正是人類的養兒育女方式，共育才真正是人類的親子關係模式。另外，後面我會再提到，共育才真正是教育的基礎。一起養育，一起長大——這就是我從生命史與親子關係裡所觀察到的，「**人之所以為人**」的道理。

第三章

親子關係

——人類會微笑，會相互凝視

被媽媽抱在懷裡，小嬰兒覺得很開心。跟媽媽眼睛相望、相互凝視。媽媽的臉上如果露出微笑，小嬰兒也會對著母親笑。過了一陣子，小嬰兒開始若有所求地亂動，媽媽拿奶來餵給他喝。喝飽了以後，覺得心滿意足，就開始打瞌睡。媽媽把小嬰兒放在視線能及的地方躺著，自己一邊折剛洗好的衣服，一邊自然地發出聲音來，跟小嬰兒說：「媽媽在這裡唷！」

以上這一段描述，是對我們來說極為熟悉、普通又常見的親子相處光景。雖然這一切的一切，看起來都是那麼地理所當然，但若站在演化的角度觀之，則至少必須要有起源相異的五種行為層次存在，才能讓人類如此這般的親子關係成立。這一章裡，我將對各位談談這個主題。

親子關係的演化

如果我們從演化的觀點來觀察親子關係，也許令人意外，但大多數動物在原則上，「父母親並不養育子女」。也就是父母親對生下來的小孩，完全不做任何投資。

魚類產下卵後，就任其自生自滅。雖然也有會在口中孵育稚魚的魚種等極少數例外存在，但這少數例外我們就暫且忽視。另外像青蛙也是，青蛙也不會撫育蝌蚪，產下卵後就放任不管。幾乎所有的魚類和兩棲類，都不會去照顧子女。

然而，鳥類、哺乳類和一部分爬行類，則會養兒育女。鳥類會孵蛋，會去找食物來餵食幼雛。哺乳類則會餵母乳。這麼說來，哺乳類約有五千種，鳥類約有一萬種，爬行類約有數千種。我們可以推測，他們的共同祖先——恐龍，大約三億年前左右（古生代末期），開始發展出養兒育女行為的機制。的確有一派說法，認為恐龍可能會孵蛋。

若以地球的歷史有四十六億年、生命的歷史有三十八億年這樣的時間軸觀之，其實是一直到最近，父母親才開始在子女身上投資。演化出能稱為**親子關係**的這種行為，相對來說是比較晚近的事。

在那其中，尤其是**餵母乳**這件事，在某種意義上而言，難道不是件很了不得的事嗎？因為媽媽可是把自己的體液賦予給子女啊！會餵母乳給小寶寶的，只有哺乳類動物。恐龍大約在六千五百萬年前絕種，自那時起，地球成為哺乳類的天下，也讓餵母乳這種形態的親子關係，大為擴展。

緊抓父母的子女，懷抱子女的父母

媽媽抱著小嬰兒走在路上，是我們相當司空見慣的日常光景。但其實，這不但是哺乳類特有，而且只有哺乳類裡的靈長類才特有的親子相處模式。**想想看，你可曾看過小狗攀附在母狗身上，或是見到母貓抱著小貓的情況？**

哺乳類的共同祖先出現時，恐龍還存活在地球上。牠們是夜行性、生活在地面上的小型動物。這種很像現在如同老鼠般的動物，被認為是哺乳類的共同祖先。由於他們都在夜間活動，所以並不需要辨色力。

靈長類動物則是日行性。而且由於生活在樹上，必須在樹木與樹木之間移動，所以辨色力以及判斷遠近的視覺能力都相當發達。另外，還變得能以手抓東西。黑猩猩的腳，其實是像手一樣（詳見**【**圖13**】**）。用這雙腳，就能抓東西。這是為了適應在樹上的生活。而這雙手腳，並不是只能用來抓樹幹——因為有了那幾隻「手」，所以子女會抓著父母，父母會抓著孩子。

說得更正確一點，是「子女會抓著父母」這個行為先出現。在那之後，才又出現「父母會抓著孩子」這個行為。**原猴類**（*Prosimii*）裡，就有「孩子雖然會抓著父母，但父母不會抱著小孩」的物種。**新世界猴**（New World Monkey）（譯注：分佈於中、南美洲的猴子）也是如此。母親會抱著孩子，則是僅限於**高等靈長類**（*Anthropoidea*，包括猴、猿）才會有的行為。

環尾狐猴（Lemur catta，屬原猴類）的親子相處模式，是小狐猴會抓著母親，但母親不

【圖13】黑猩猩的腳（照片由平田明浩攝，每日新聞社提供）

會去抱小狐猴。日本獼猴（舊世界猴）的母親雖然還沒到達「緊抱」的程度，但會稍微抱著小獼猴。黑猩猩（大猿）的母親，則會緊緊地抱著小黑猩猩（詳見【圖14-1】）。

相互凝視

日本獼猴的母子，不會相互凝視。【圖14-1】左圖，是日本獼猴典型的親子相處模式。你可以發現，小獼猴是整個緊緊地貼在母親的胸前，牠們沒辦法互相凝視。小嬰兒和母親要是不保持一點距離，就沒辦法看著對方。人與猩猩屬於**人超科**（*Hominoidea*，包括人、大

【圖14-1】日本獼猴母子（左圖，廣澤麻里攝），環尾狐猴母子（右圖，松澤哲郎攝）。

【圖 14-2】黑猩猩母子（落合知美攝）

猿與小猿），只有人超科內的母子，會相互凝視。

黑猩猩不是只會單純抱著小黑猩猩，還會跟小黑猩猩玩「舉高高，舉高高」的遊戲（詳見【圖15】）。黑猩猩媽媽會特地把小嬰兒和自己之間的距離拉開，看著對方，相互對望。

平放著仰躺時，會不斷地伸手伸腳的黑猩猩寶寶

這是二十年前，有一次我在對幼黑猩猩做人工撫育時的事情。

讓黑猩猩寶寶仰躺在床上後，慢慢地，他會把右手和左腳舉起來。過

【圖15】黑猩猩媽媽跟小黑猩猩玩「舉高高，舉高高」的遊戲（落合知美攝）

一會兒之後，會再舉起相反的左手和右腳。當時，我們並不瞭解為什麼黑猩猩寶寶會有這種行為，不知道他的用意是什麼。後來，有一次在對紅毛猩猩做人工撫育時，很驚訝地發現紅毛猩猩寶寶也跟黑猩猩寶寶一樣，老是會把不同手不同腳舉起來（詳見【圖16】）。

現在，我們已經知道為什麼他們會那麼做了。他們是在本能式地伸手伸腳。這些小寶寶們，都還處於原本應該緊緊攀附在母親身上的那種年紀，必須與媽媽在一起。這些小寶寶們一生下來，就具備有攀爬到母親身上、緊抓住媽媽、尋找乳頭、找到乳頭後吸奶的這一連串反射動作。原本應該緊緊攀附在母親身上，但是卻被硬生生拆散了，所以他們會一直本能式地伸手伸腳，想找找看「有沒有什麼可以抓的東西」。

黑猩猩寶寶在出生後三個月內，都是一直緊緊攀附在母親身上，一天二十四小時幾乎完全不分開。要是在這樣的時

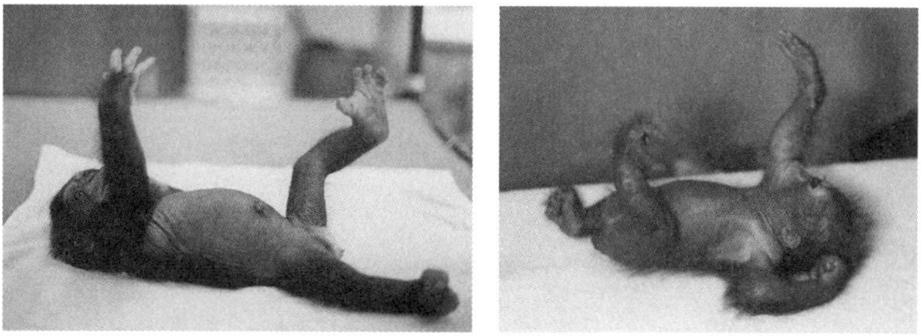

【圖16】被平放著仰躺的黑猩猩寶寶（左）和紅毛猩猩寶寶（右）（照片提供：竹下秀子、松澤哲郎）

期裡硬生生把他們帶離母親做實驗，會發現他們一直到出生後兩個月大之前，都會不斷本能式地伸手伸腳，想抓抓看有沒有什麼可以抓的東西。兩個月大左右之後，就會學會翻身，從原本不斷伸手伸腳的狀態，突然一轉變成俯身趴臥。翻個身讓自己變成趴臥的狀態，總而言之讓肚子接觸到什麼，比較接近攀附在媽媽身上的感覺，多多少少會覺得比較安心。

如果換成是日本獼猴，日本獼猴一生下來就具備有**翻正反射**的動作，所以即使被平放著仰躺，也會一轉身變成俯臥的狀態。仰躺著的姿勢，再怎麼樣都無法維持安定。

黑猩猩寶寶要到能夠用兩手兩腳站起來，大約要長到四個月大左右。那個時候，就會從原本總是趴臥著、讓肚子貼地的狀況，變得會撐起四肢站起來。所以大概是在長到那個年紀時，黑猩猩寶寶就會主動離開媽媽，變得能靠自己站在地面上。

人類的小嬰兒為什麼胖嘟嘟？

如果看慣了人類以外的靈長類寶寶，再回頭來看人類的小嬰兒，會發現人類的小嬰兒肥嘟嘟到有點異常的程度。小嬰兒的身體，大約有二十％的成分是脂肪。相對來說，黑猩猩寶寶的體脂肪率只有四％，成年黑猩猩的則在大約五％至六％左右。反觀人類，人類即使是鍛鍊精實的運動選手，體脂肪率也有七%左右，所以和黑猩猩相比之下，無論什麼樣的人類運動選手，都難以超越黑猩猩的肌肉體質。我想，黑猩猩可能是為了方便在樹上移動而減輕身體重量，因為脂肪會造成無謂的負擔。

那麼，**為什麼人類的小嬰兒會如此地胖嘟嘟呢**？能想到的理由有兩個。

其一，因為**人類擁有巨大的腦**。據說光是腦部消耗掉的能量，大約就占全身所有器官消耗量的四分之一。為了供應巨大腦子所需的能量，必須不斷地吃東西，不然就得把能量以脂肪的形態儲存起來。

另一個理由，則是**保暖**。黑猩猩寶寶總是被母親抱在懷裡，非常溫暖，所以即使身體裡面只有四%的脂肪，也沒有問題。

其實，森林環境原本就很暖和。熱帶的森林由於有樹冠擋住直射的日光，所以不容易升溫，也不容易降溫。非洲冬天的乾季，森林裡的溫度就像初夏的北輕井澤一般，最高氣溫約攝氏二十七至二十八度，最低氣溫約攝氏二十一至二十二度，而且濕度很低，非常舒服。可是，只要一走出森林、去到村莊，就變成會受到太陽直射的地面。村子裡的最高氣溫為攝氏三十五度，最低氣溫大概只有攝氏十三度左右，一天內的溫差變化會超過攝氏二十度。這是因為地表既容易升溫、也容易降溫的緣故。

人類離開森林，來到稀樹草原生活。為了在稀樹草原採集各種食物，必須以兩足步行的方式，有效率地巡行相當廣範圍的地區。而由於必須同時照顧好幾個小寶寶，不可能一次抱著每個人，所以無可避免地會把他們放在地上。

其實，森林裡頭存在著稱為**微氣候**（microclimate）的細微溫度差異。依竹本博幸在博蘇所做的研究調查顯示，由於暖空氣會往上升，所以離地面十公尺高之處，氣溫比地面約高攝氏一度。因此，黑猩猩之所以選擇在樹的高處做床、睡在較高的場所，除了一方面是為了避開捕食者之外，還有一個目的應該是為了避開清晨時分的寒冷氣溫。

相較之下，人類只能在地面上睡覺，小嬰兒當然也是放在地上睡覺。如此一來，為了在較低的場所（也就是較冷的地面上）以保持溫暖，身體就必須充滿脂肪。

我們可以推測，人類的小嬰兒之所以會如此胖嘟嘟，應該是因為有巨大的腦，以及為了適應稀樹草原生活的緣故。

仰躺的姿勢與人類演化

那麼，「仰躺著也能維持安定」的這種特質，會為人類帶來什麼樣的變化？主要且深遠的影響有三。

第一，**仰躺能大幅增加和別人相互凝視及微笑的機會**。由於彼此的身體之間保持了距離，所以能夠看著別人的臉，看著別人的眼睛。人類小嬰兒的這種特性，讓他的臉不只能被母親看著，包括父親、祖父母或兄弟姐妹等周遭人等，全都能夠來看著小寶寶的臉。

第二，**仰躺能使嬰兒以聲音和他人進行交流**。人類的小寶寶晚上會啼哭，但是黑猩猩寶寶不會在半夜哭泣——因為媽媽就在身邊，沒有必要呼叫。要是肚子餓了想喝奶，只要自己去找到乳頭吸就可以了。但是人類的母子，在物理空間上是分開的，所以如果小嬰兒不出聲哭泣，媽媽就不會過來。如果不出聲，即使揮手也沒有用。「好好好，等一下喔！」聽到小嬰兒的哭聲後，媽媽也會自然地對小嬰兒說話，也就是親子之間很自然地，就會用聲音去進行交流。人類最初的語言，就是源自於像這樣的聲音溝通。

出生兩個月左右的人類小嬰兒，就會發出「啊—」或「嗚—」等長聲。黑猩猩寶寶則不會發出像這樣拉長音調的聲音。人類小嬰兒「啊—」「嗚—」的聲音，發展到後來，就會變成「啊—嗚—」的兩音節聲音。接著，會發出「巴—巴—巴—巴—」「布—布—布—布—」般的連續音，到後來又發展成「巴—布—巴—布—」的組合音。這就是我們說的嬰兒牙牙學語（喃語）聲。

人類小嬰兒的牙牙學語，大概在五、六個月大左右時開始，然後大概在經過半年之後，就能發出包含多種音素的聲音。大約長到一歲左右，就能用兩隻腳站起來，也開始牙牙學語。

而第三點——也是最重要的一點，就是**仰躺的姿勢能讓雙手獲得自由**。由於仰躺時體重是由背部去支撐，所以手自然而然地變得不受束縛。雙手除了抓媽媽之外，還能去抓許多其他的東西。

人類在七、八個月大左右時，就會開始學爬。在那之前，則是以仰躺的姿勢躺著。不過，拜這樣的姿勢所賜，小嬰兒在兩、三個月大時就會用手抓東西——也就是說，當黑猩猩寶寶還在緊緊攀附著母親不放的時期，人類的寶寶就已經開始用手拿東西了。

把黑猩猩寶寶和人類寶寶拿來比較，我們才會猛然驚覺，會在那麼早的時期就開始做出用手握住玩具、奶嘴或很多其他東西，用嘴巴咬住東西換手等動作的，只有人類寶寶，黑猩猩寶寶並不會做這種事。黑猩猩寶寶只會拚命想要攀附住什麼，不會那麼早就開始用手操作東西。只有人類的雙手很自然地處於自由狀態，很早就開始拿取物品。之所以能做到這一點，是拜仰躺的姿勢所賜。

那麼，如果更進一步思考，**為什麼人類的寶寶會變成能在仰躺的姿勢下保持安定呢？**那是因為，能在仰躺的姿勢下保持安定的孩子，才是乖小孩。前面我已經跟各位提到過，人類和黑猩猩的生命史，存在著明顯的差異。黑猩猩是以五年一次的速度，每次產下一胎，然後把所有心力都用來養大這位小黑猩猩。如果要以黑猩猩的方式照顧人的小孩，女人必須到前一個孩子到七、八歲能夠自理基本生活時，才能懷下一胎，然後專心把那個孩子養大。但是如此一來，就沒辦法產下足夠的後代。所以人類採用的養兒育女方式和黑猩猩的不同，人類是儘早讓小寶寶斷奶，同時間撫育好幾個必須費心照顧的寶寶。也因為這樣，所以願意仰躺著靜靜睡覺的小寶寶，才是乖小孩。

人類的小嬰兒，仰躺著也能保持安定。小嬰兒很可愛。包括人類在內，凡是父母親會照顧子女的動物，小寶寶都為了獲得父母的關愛而惹人憐愛。但人類嬰兒的可愛程度，卻是超乎尋常，異樣地惹人憐愛。小嬰兒常常微笑，微笑的頻率多到讓人深深不解為什麼小嬰兒怎麼笑得如此頻繁。而這，正是因為他不只是需要來自母親的關愛，還需要包括父親、祖父、祖母，以及叔叔、伯伯、舅舅、姑姑、阿姨等所有人照顧的緣故。所以人類的嬰兒，變得能以仰躺著的姿勢保持安定，然後惹人憐愛地微笑。

所以，**人，究竟是什麼？**

以定義而言，**人類是一種「能夠直立、以雙足步行的猿」**。但是，究竟是什麼樣的特質，讓人類之所以成為人類？是什麼樣的開始，造成人類這種動物的心智與行為，演變成如今這樣的樣貌？我漸漸認為，那是因為「**人類的媽媽與小孩會自然而然地分離，小嬰兒能以仰躺著的姿勢保持安定**」的緣故。

我們平時常在街頭巷尾聽到的說法，是直立雙足步行假說。這個假說的內容是這樣的：一開始，先出現以四足行走的動物，後來這種動物站起來，變得能以雙足行走。因為雙手獲得了解放，所以這種動物開始用手拿取各種東西，開始運用工具，刺激腦部增大、發達，最後發展出人類的智能——我想，應該有許多人，都單純地這麼相信著。

可是，只要觀察黑猩猩的腳，你就會發現，靈長類並不是四足動物。他們擁有的並不是四隻「腳」，而是四隻「手」。事實上，靈長類動物在過去的確曾經被稱為**四手類動物**，因為在哺乳類動物裡面，擁有四隻手的只有猿、猴家族而已。換句話說，並不是四足動物直立起來、以兩隻腳站立之後，才出現了手這種肢體；而是打從一開始，就擁有四隻手。

「四足動物站起來變成雙足動物」這種說法，絕對是錯誤的想法。請各位回想看看日本獼猴的樣子。他們用四隻腳行走時，軀幹與地面平行，但停下來休息時，則是軀幹直立，只用兩隻腳支撐身體。換句話說，在發展成直立雙足步行之前，靈長類的軀幹原本就已經是直立的了。要爬樹，就必須讓軀幹直立。這時，支撐體重的是雙腳，而雙手就能自由使用。日本獼猴的手，能非常熟練地抓取大豆和麥子等穀物。

我們很容易把狗跟猴子都想成是四足動物，但若以汽車做比喻，狗在跑步時，相當於前**輪驅動車，而猿、猴跑起來時，則是後輪驅動**。靈長類為了適應樹上的生活，擁有了四隻手。後來像日本獼猴等開始變得也會在地上活動後，四肢末端的形態雖然仍然相似，但開始分化為手和腳的不同功能。後來人類離開森林移居到稀樹草原的行動，可說更是加速了這個傾向的發展。

人類並不是透過「站立起來」這個動作獲得雙手。事實上，人類是透過站立起來這個動作獲得雙腳。創造出「腳」這種無法抓取東西的四肢末端，然後用它來行走——這才是人類。

人類的媽媽和小孩，會自然而然地分離。而且，小嬰兒還能以仰躺著的姿勢保持安定。這樣的姿勢，造就了人類能以相互凝視、相互微笑的方式進行視覺溝通，能以聲音傳遞訊息、進行音聲與聽覺的交流，再演進成後來的說話（口語溝通）。然後，仰躺著就能自然而然地騰出雙手操弄物品，發展成後來對各種工具的使用。人類並不是從四足動物變成以雙腳站立、雙手騰空之後才開始拿取物品。因為人類以雙腳站起來，是要等到一歲左右之後才會發生的事。

人類並不是在一歲之後才成為人類，而是一出生就已經具有人類的資質了。我認為，人類是以「能自然而然地相互凝視、相互微笑，能以聲音相互交流，能夠騰出雙手拿取物品」的這種存在之姿，誕生到這個世界上來。當然，這個說法目前尚未獲得學界公認，僅處於我以及我們研究團隊這些極少數的人，還正在努力主張的階段而已。但是，已漸漸有愈來愈多人知道，我們有這樣的看法。

最早發覺人類仰躺姿勢之重要性的研究者，並不是我。而是我的共同研究者竹下秀子教授，她才是全世界最早發現這件事的人。如果讀者對這個主題有興趣，建議可以閱讀竹下教授所著的《幼兒的手與眼神——產生語言的演化之道》（暫譯，『赤ちゃんの手とまなざし——ことばを生みだす進化の道すじ』，岩波科學圖書館叢書，岩波書店，二〇〇一年）。

如果把到目前為止的說明做一次彙整，人類親子關係的演化基礎，如下所示：

①哺乳類　　餵食母乳
②靈長類　　小寶寶會緊緊攀附著母親
③猴與猿　母親會抱著小寶寶
④大猿與小猿　母子間會相互凝視

⑤人類　母子會分開，小嬰兒能在仰躺的姿勢下保持安定

在演化過程中，「父母照顧小孩」的這種養兒育女方式的內涵，經過了這五個階段，不斷改變。在哺乳類裡，只有靈長類的小寶寶會緊緊攀附著母親；而靈長類動物裡，只有高等靈長類（包括日本獮猴、黑猩猩、人類）的母親會去抱小寶寶。高等靈長類裡，只有人超科的母子會相互凝視；而人超科裡，只有人類的母子會分開，小嬰兒能在仰躺的姿勢下保持安定。

人類以身為人類的方式，和他者建立關係；人類以身為人類的方式，和其他物品建立關係，所有一切發展的原點，就從這裡開始。

第四章

社會性

——人類會分工合作

接下來我想和各位聊聊，人類的新生兒是如何在親子關係或是與周遭人等的互動關係裡，發展他的智能。我在這邊要談的智能，不是使用工具的那種智能，而是社會性的智能——與人際關係相關的那種智能。

我個人認為，社會智能的發展一共有四個階段。接下來，讓我依序為各位說明。

相互凝視、新生兒微笑、新生兒模仿

第一個階段，就是那種如同本能般，在親子之間與生俱來的情感傳達。其中之一，就是母子之間眼神與眼神的相互凝視。這種相互凝視的行為，事實上黑猩猩也會做。我之以這麼特別強調，是因為過去我們一直認為凝視是只會出現在人類身上的行為，但現在已經知道，其實黑猩猩也會。日本獼猴的母子則無法相互凝視，因為小寶寶緊貼在母親胸前，所以無法相互對望。

不曉得讀者們知不知道這件事——剛出生沒多久的人類小嬰兒，會流露出稱為「新生兒微笑」或「自發的微笑」的笑容。【圖17】是出生後第十一天的小嬰兒。原本臉上一直沒有什麼特別的表情，但會在突然的一瞬間，嘴角上揚地微笑。

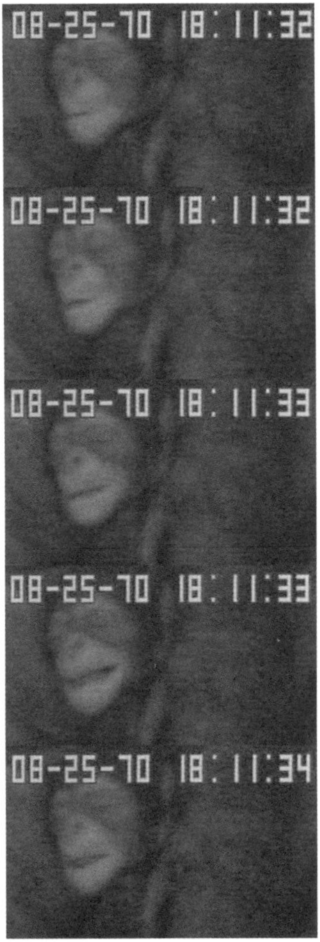

【圖18】黑猩猩的新生兒微笑（水野友有攝）

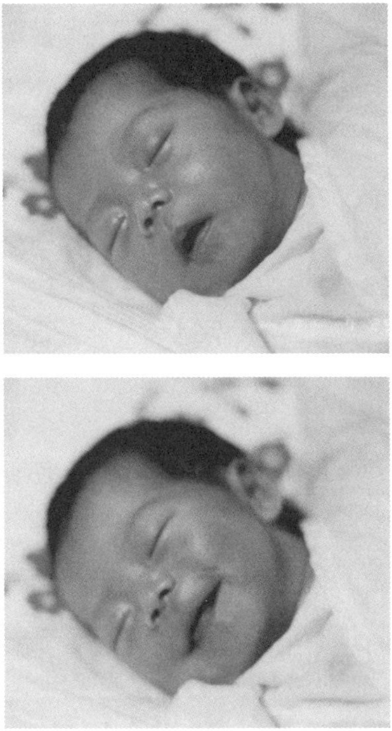

【圖17】人類的新生兒微笑（松澤哲郎攝）

我們的研究小組，發現黑猩猩小寶寶也和人類小寶寶一樣，具有**新生兒微笑**。【圖18】是一位出生後第十六天的黑猩猩寶寶，在睡夢之中，突然嘴角上揚地微笑。這種行為的特殊性在於，他們的眼睛根本沒睜開，所以並非是特意針對某個對象微笑，是自發地流露出微笑。這真的非常有趣，雖然要有耐性地等待相當久的時間。但只要你等得夠久，就有機會看到他們突然自然地露出微笑。或者是，聽到有東西「碰」的一聲時會流露出微笑，突然搖動床的話會流露出微笑，但是並非視覺刺激引起的微笑。

這種情況在黑猩猩寶寶長到約三個月大時，就會轉變成張開眼睛，看著對方，流露出微笑。看到人類時會露出微笑，看到黑猩猩夥伴時也會流露出微笑（詳見【圖19】）。新生兒微笑大概到兩個月大時便會消失，取而代之的是社會性微笑。從對黑猩猩的研究裡，我們瞭解到這件事。而人類的情況也完全相同。這是與水野友有副教授等人的共同研究成果。

我們知道人類的小嬰兒會有一種叫做**新生兒模仿**的表情模仿反應。這是由美國心理學家安德魯·梅爾哲夫（Andrew N. Meltzoff）及其研究團隊所發現的知名現象——只要我們吐舌頭或嘟起嘴來，小嬰兒也會跟著吐舌頭或嘟嘴。我們發現，黑猩猩存在和人類一模一樣的新生兒模仿行為。這是與明和政子副教授等人的共同研究成果。

我們透過飼養在靈長類研究所裡的黑猩猩小愛的協助，用迷你攝影機拍攝下了小愛的兒

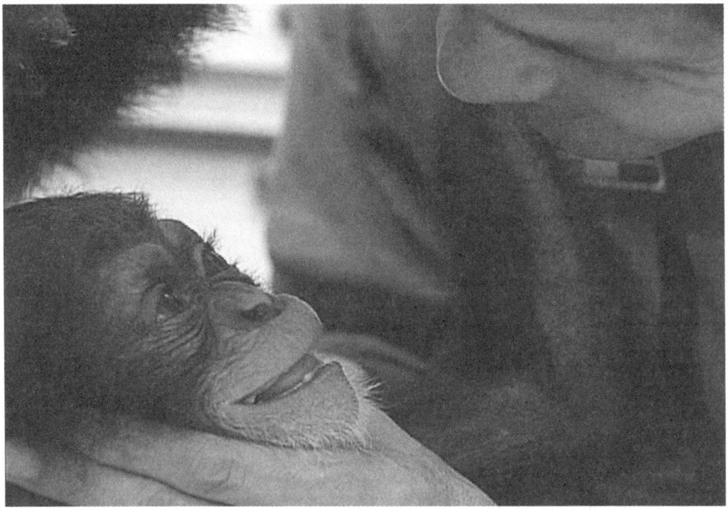

【圖19】社會性微笑（小步，上圖為三個月大時，下圖為四個月大時）（照片提供：上圖為中京電視台，下圖為阿尼卡工作室）

子小步（Ayumu）臉上的表情紀錄。當我吐舌頭時，小步也學我吐舌頭。當我把嘴巴張開，小步也學我張開嘴巴。當我嘟起嘴好像要親別人時，小步也學我把嘴巴嘟起來（詳見【圖20】）。

事實上除了黑猩猩之外，只要很仔細地觀察，就會發現恆河猴也同樣存在有新生兒模仿的反應。這是在二〇〇九年時的發現。如果我們做出吐舌頭的表情，小猴子也會學著吐舌頭。這是義大利心理學家法拉利（Dr. Pier Francesco Ferrari）等人受到我們的研究報告啟發，而進行的研究。另外，友永雅己與川上清文等人的研究結果，則瞭解到猴子也有極近似新生兒微笑或自發性微笑的表情。只是，人類與黑猩猩小寶寶的微笑表情通常是左右對稱，

【圖20】黑猩猩的新生兒模仿：吐舌頭（上圖）、張開嘴巴（中圖）、嘟嘴（下圖）（照片提供：明和政子）

但猴子的新生兒微笑則是非左右對稱型（只有半邊嘴角上揚），而微笑的持續時間也比較短。兩者有這樣的小小差異。

另外還有一個實驗，就是研究小嬰兒看到大頭照時的反應。比方說，影中人看著鏡頭的照片，和沒看著鏡頭的照片，把這兩種照片拿給小嬰兒看時，他會看哪一種呢？當我們把大頭照慢慢在小嬰兒眼前移動，觀察他較常看哪張照片時，結果是小嬰兒比較喜歡注視影中人看著鏡頭的照片，不大注視影中人沒看鏡頭的照片。而如果把大頭照換成各種不同人的照片，我們發現小嬰兒會在一個月大到兩個月大的這段期間，特別只喜歡看著自己母親的照片。可見小嬰兒在出生後一個月左右，就會認得自己母親的長相了。

採取相同行動

社會智能發展的第二階段，是開始採取相同的行動。

黑猩猩媽媽和小黑猩猩都是生活在黑猩猩族群裡。原本小黑猩猩出生後，都是全天二十四小時跟母親黏在一起，但大概在長到一歲至一歲半左右開始，就會有母親以外的女性黑猩猩也來抱抱小黑猩猩。而差不多在這個時期，小黑猩猩們也會開始一起玩。

到了這個時期，小黑猩猩會開始出現一個非常明顯的特徵。【圖21】上圖拍的並不是連續動作，而是小步和克蕾歐（Cleo）、帕魯（Pal）共三位小黑猩猩一起，正在橫渡位於靈長類研究所裡的高塔上的繩子——三位小黑猩猩做著相同的事。中間左邊的照片，是帕魯把手搭在小步背上，看著同一個地方。中段右邊的照片也是一起看著同一個地方。然後還會用同樣的姿勢走路（下圖）。他們的行動完全同步，像到會讓我們這些旁觀者覺得，「喂，有必要這麼一模一樣嗎？」

社會智能發展的第一階段，**是發生在母親與子女之間，那種與生俱來的交流與傳達**。到了第二階段，則是**採取相同行動，與其他夥伴同步**。這種行為的另一個例子，出現在用餐之際——一起吃東西，吃相同的東西，同步吃東西。

在那裡面，會進一步出現關於食物分配、分發的行為。【圖22】的照片，是小黑猩猩向媽媽鬧著要食物，黑猩猩媽媽以嘴巴把食物分給小黑猩猩時的情景。黑猩猩很少用遞的方式把食物遞給小黑猩猩，通常的情況是，媽媽自己在吃，小黑猩猩就跑過來拿去吃。「分發食物」處於一種非常被動的模式。在觀察野生黑猩猩的這二十五年來，我只看過三次黑猩猩主動遞出食物的情況，其中兩次是遞甘蔗，一次是把正在吃的無花果遞出去。不能說完全沒有，不過非常罕見。

【圖21】做相同的事、看著同一個地方的小黑猩猩們（上圖與中右圖由平田明浩攝、每日新聞社提供；中左圖與下圖由松澤哲郎攝）

基本上黑猩猩流的風格，似乎是「我吃東西時，你也可以來拿去吃」的這種方式。雖然不像常出現在人類身上的「來，這給你吃」的模式，但還是能觀察到他們「一起吃東西、吃相同的東西」的情形。

模仿和家家酒遊戲

社會智能發展的第三個階段，是**模仿、倣效**。

第二階段裡，因為同樣的事情小黑猩猩也能做得到，所以就做同樣的事情。再更進一步的第三階段，則是在大家一起做同樣事情的過程中，「當對方做些不一樣的事情來時，就跟著模仿」。

【圖23】是靈長類研究所裡一位名叫克羅依（Chloe）、當時二十二歲的黑猩猩，正在把一具玩具電話放在我耳朵上的照片。首先，我先在克羅依面前演一場蹩腳的戲，拿

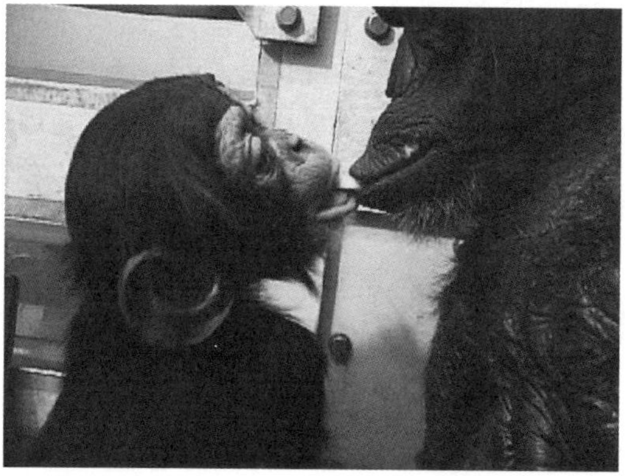

【圖22】用嘴巴把食物分給小黑猩猩吃的黑猩猩媽媽（翻攝自靈長類研究所提供之錄影帶畫面）

著玩具電話放在耳朵上，好像真的在跟誰講電話似地，對著話筒講話給克羅依看。講了一陣子之後，嘴巴發出「喀鏘」的掛電話聲音，把玩具電話往地上掛掉。然後克羅依好奇地把玩具電話撿起來，第一個動作就是把它放在自己的耳朵上。這是典型的模仿。

可是接下來，克羅依做出一個令人訝異的動作——把玩具電話放在我的耳朵上。這個「把玩具電話放在別人耳朵上」的動作，又比模仿更進了一步。「真奇怪，我明明什麼也聽不見啊？到底是怎麼回事？」相當於是這樣的反應。在野生環境裡，我們不

【圖23】正在把一具玩具電話放在作者耳朵上的克羅依（翻攝自靈長類研究所提供之錄影帶畫面）

曾看過像這樣的行為。

我也來介紹兩則在野生黑猩猩身上觀察到的模仿例。兩個案例，都是在博蘇觀察到的情形，一個是把動物的遺體當做小寶寶扮家家酒的布亞布亞的案例，另一個則是把當做小寶寶扮家家酒的小嘉的案例。兩者都一方面既是模仿，也同時是把一件東西視為另一件東西來扮家家酒的行為。

先來說說布亞布亞的案例。這是與平田聰先生等人一起觀察到的事情。

有一天，有一位年輕的男性黑猩猩，抓到一隻非洲蹄兔（Hyrax，亦稱岩狸，是一種長得有點像日本狸的哺乳類動物）。其他的科學家看到也許會覺得很驚訝，但博蘇的黑猩猩基本上不吃肉，所以，他沒吃那隻非洲蹄兔，反而把它拿來玩，玩弄到那隻非洲蹄兔死掉。玩膩了之後，就把已經死掉的非洲蹄兔從樹上丟下來。

結果，有一位九歲大的年輕女性黑猩猩布亞布亞把它撿了起來。撿起來後，就一直把它抱在肩膀上或是挾在腋下，一直帶著它一起行動。到了晚上，還做了一張床，抱著它睡覺，彷彿是對待自己的小寶寶一樣，隔天也帶著它到處走。到了隔天中午左右，由於屍體已經開始發臭，就隨手把它扔掉。

這位年輕的女性黑猩猩布亞布亞在隔了一年之後，生下了小寶寶。因此我覺得，那次大概是在玩照顧小寶寶的扮家家酒練習。一般來說，女性黑猩猩到十歲就生小孩的情況相當罕見，但博蘇的黑猩猩和其他社群的比起來，較早就開始生育，也一直生產到較老的年齡。

做出前述這段育兒練習的布亞布亞，後來還有別的故事。

二〇〇三年博蘇發生呼吸系統感染症流行之際，造成兩位年邁的女性黑猩猩、兩位年幼的黑猩猩，以及一位十歲左右的男性黑猩猩死亡，我已經在第二章裡向各位提到這件事。而【圖24】所拍下的，是當時其中一位小黑猩猩（兩歲半的小寶寶）死亡後，身為媽媽的布亞布亞，凝視著死去小寶寶的鏡頭。在旁邊陪伴著她的，是身為祖母的薇璐。身為母親的布亞布亞，雖然小寶寶已經死亡、自己的外陰也又開始腫大變成粉紅色（再度開始排卵），但還是一直帶著小寶寶的屍體，直到小寶寶屍體的毛逐漸脫落，變成乾屍。

【圖24】一直湊近望著死去小寶寶的布亞布亞，以及在旁邊陪伴的祖母薇璐（松澤哲郎攝）

在博蘇，像這樣的例子曾經在兩位母親身上，合計共觀察到四次。很顯然的，不是只有使用工具或打招呼的聲音存在文化上的差異，連對待死者的方式，都有文化上的不同。也許只有博蘇的黑猩猩，在小黑猩猩夭折之後，並不會馬上把他丟掉，而會一直帶著他。

接下來，是拿木棒來扮家家酒的小嘉的案例。

當時，有一組黑猩猩母女三人組，分別是身為母親的吉蕾（Jire）、兩歲半時死亡的黑猩猩小女孩喬庫蘿、以及當時七歲的黑猩猩姐姐小嘉。喬庫蘿可能因為感染了感冒，衰弱而亡。那一年碰巧是我自己一個人過去調查，而觀察期間，總共是喬庫蘿死前的兩個禮拜，以及死後的四個禮拜。

這時候，當媽媽的吉蕾果然還是一直帶著死去的黑猩猩小寶寶屍體，直到變成乾屍（詳見【圖25】）。身為姐姐的小嘉，則是一直在旁邊看著母親和妹妹的樣子。

我接下來要說的，是發生在喬庫蘿死前那兩個禮拜的事。

【圖25】把已經變成木乃伊的小寶寶一直馱在背上的母親吉蕾。吉蕾一共失去喬庫蘿、吉馬特以及喬德雅蒙三位小孩，每位小孩不幸夭折之後，她都繼續帶著屍體，直到他們變成乾屍（朵拉・畢洛攝）

小寶寶喬庫蘿那時已經病得很重，連抓住母親的力氣都沒有。所以，吉蕾就把小寶寶抱在肩膀上或是挾在腋下，帶著她行動。而已經長大的姐姐小嘉，就一直跟在她們後面，帶著一枝直徑約十公分、長度約五十公分的木棒移動。

布亞布亞的案例，是把真的曾經有過生命的動物屍體當做小寶寶般呵護，可是小嘉看起來則是把木頭當做小寶寶，帶著行動。為什麼會覺得看起來像是在帶小寶寶？因為當地瑪儂族女孩的玩具裡也有一種人偶，就是用同樣的木頭製成，外表看起來也極為相似（詳見【圖26】）。

就這樣，我們觀察到野生黑猩猩會把動物的肉身扮成小寶寶玩遊戲，以及把木棒當做小寶寶玩遊戲。

【圖26】背上背著木製人偶玩耍的瑪儂族女孩（松澤哲郎攝）

最後要提一下的是，黑猩猩也被觀察到，會在明明什麼都沒有的情況下，「假裝」有某樣東西存在，用這樣的方式扮家家酒的極有趣案例——那是靈長類研究所的小步在兩歲七個月大時，偶然間被觀察到的情況。

當時，小步的母親小愛，正在學習把積木依「藍色、黃色、紅色」的順序堆起來的測驗。小步一直到四歲之前都不做測驗，也不學東西。所以當媽媽在上課時，他就無所事事自己在旁邊玩。小步會把積木一直拖著到房間最角落，自己在那邊玩耍。過了一陣子以後，他就在明明什麼都沒有拿的情況下，做出「假裝拖著積木在走」的動作。

為什麼我們會知道他是「假裝拖著積木在走」呢？因為小步會特地避開放在地上的真正積木，以免想像中的積木「撞到」真正的積木。他把不存在的積木一路拖到遠處，又拖著回來。那時候的小步，嘴巴張得圓圓的，露出一副很開心的笑臉。

因為那個姿態實在太有趣了，負責錄影的研究生上野有理小姐忍不住笑了出來。結果，小步擺出「不准笑！」的表情，走到她旁邊來用力敲壓克力板。這根本就是「自己可以笑，可是別人不准笑！」的情況啊！

由這幾個野外觀察以及實驗室觀察的例子中，我們可以知道所謂模仿、倣效的階段，如果進一步細分，也有四種不同的情況。這四種不同情況，分別是：用相同的東西模仿、用稍微不同的東西模仿、把某樣完全不同的東西拿來當做另一樣東西模仿，以及在沒有任何道具的情況下模仿。

會傳染的哈欠

我們曾經用實驗的方式，針對第三階段「模仿」的其中一種延伸——產生共鳴、傳染打哈欠這件事，進行過驗證。這是我與詹姆斯·安德森（James Anderson）的研究小組所做的共同研究。

人類要是看到別人打哈欠，很容易不自覺地，就跟著打起哈欠來了。但若更仔細地觀察，就會發現會像這樣傳染打哈欠的，只有大人。也許大多數人不大注意到這個事實，但三歲以前的小孩子，其實並不會傳染打哈欠。雖然小孩子當然也會因為想睡覺而打哈欠，但並不會因為看到別人打哈欠，自己就跟著打。

大人要是看到別人「呵～」地一聲打哈欠，十個人裡面大概有三、四個人，會很自然地跟著打哈欠。非常有意思的是，人類即使只是聽到有人打哈欠的聲音，也會跟著打哈欠。讀到描寫打哈欠的文章，也會隨之打哈欠。光是提筆寫下「打哈欠」這三個字，也會跟著打哈欠——也就是說，不用實際上看到別人打哈欠，光是聽到聲音或是看到文字、寫下文字，就會打哈欠。非常不可思議。可是，就如同這種情況所清楚顯示的，當小孩子還處於無法理解語言的年紀時，並不會發生傳染打哈欠這種事。

而我們，首度對「黑猩猩是否會傳染打哈欠」一事進行了實驗。我們準備了兩段不同的影片，一個是打哈欠的畫面，另外一個是純粹張開嘴巴的畫面。我們讓接受實驗的黑猩猩坐在電視機前，放影片給他們看。結果，我們用六位成年黑猩猩做實驗，裡面有兩位明顯地被觀察到有傳染打哈欠的情形。看到只是純粹張開嘴巴的影片時，不會跟著打哈欠。可是，看到打哈欠的影片時（而且「只有在」看到打哈欠的影片時），很明確地跟著打了哈欠。這讓我們瞭解到，黑猩猩也跟成年人類以幾乎同樣的機率，會有傳染打哈欠的情況。

自我認知

還有一件跟第三階段的模仿有關的事，就是自我認知（self-cognition，又譯自我認識）。如果我們把模仿定義為一種發生在自己與他人之間的行為，那麼，模仿者首先就必須能夠明確地區別出，「自我跟他人是不一樣的存在」。

我這裡說的自我認知，指的是「看著鏡子，知道映在裡面的是自己」這件事，也就是所謂的**鏡像自我認知**（mirror self-recognition）。黑猩猩有能力理解鏡子裡的影像是自己。讓我介紹一個能夠明確證明這件事的有力案例。

小愛曾經看著鏡子，把手伸到嘴巴那邊。看起來似乎是有什麼食物之類的東西卡在牙齒裡了。小愛的眼鏡看著鏡子裡的影像，一副就是「是不是塞著什麼東西了？」的表情。把牙線拿給她，她就自己拿去用了。這已經非常明確地顯示出，她知道映在鏡子裡的那個影像是自己。

成年人類看著鏡子，理所當然知道映在裡面的是自己。可是即使是人類，在第一次看到鏡子時，還是會覺得很不可思議。

有一次我在肯亞，經歷過一個滿有趣的事情。那次我去的地方，是個非常熱的地區，連水都沒有，牧羊人必須在地上挖洞，才能讓山羊喝到從洞裡滲出來的水。

在他們的生活裡，沒有鏡子這種東西存在。第一次看見鏡子時，他們會有什麼樣的反應呢？有一天，有一位遊牧民族的少女，好像感覺很不可思議似地，看著我們開的四輪驅動越野車的後照鏡。把頭歪一歪，仔細端詳，吐吐舌頭，觀察鏡裡映像的樣子（詳見【圖27】）。這讓我回想起第一次見到鏡子的黑猩猩，也做出了類似這樣的行為。

從模仿到理解他人的感受

這一章裡我為各位讀者說明的，是社會智能的四個發展階段。如果把到目前為止說明過的部分做個彙整，第一階段是母親與子女之間與生俱來的交流，第二階段是採取相同的行動。第三階段則是在採取相同行動的過程中，如果有誰做出不一樣的事情，就對那個行為進行模仿。仔細觀察母親做事情的方式，依樣畫葫蘆。而那種時候，為了模仿，就會重複很多次的試誤學習。至於具體來說，模仿究竟是怎麼樣進行的？讓我舉個實例說明。

【圖28】所拍攝的，是博蘇的一對黑

【圖27】好奇地湊近端詳汽車後照鏡的肯亞原住民少女（松澤哲郎攝）

猩猩母子。母親正在用一組石頭分別榔頭和底座敲開油棕櫚的種子。小黑猩猩年紀才三歲半，還不會敲種子。剛開始時，小黑猩猩原本想自己試著敲，但怎麼試都不成功，所以就黏到母親身邊，觀察母親如何敲開種子。在這種時候，做母親的黑猩猩相當寬容，並不會嫌小黑猩猩礙手礙腳打發他到旁邊去。等到觀察完了以後，小黑猩猩又離開母親，到自己原本的地方去，想自己再試著敲敲看。他把種子放在底座石上，用一隻手扶著，舉起石頭，用力敲下去！可是，可能是角度沒抓好，種子沒被敲開。「真搞不清楚，這樣做到底是對還是不對啊？」這時候小黑猩猩臉上，流露出的是這樣的表情。

【圖28】觀察成年黑猩猩如何使用石頭敲開種子的小黑猩猩（野上悅子攝）

總而言之，小孩子在這個模仿的階段，就是儘可能模仿包括父母親在內的其他人的行為。要是看到有誰做出了自己從來沒做過的新花招，就會想盡辦法要做出同樣的事情。結果，因此豐富了自己的**行為庫**（behavioral repertory）。這就是模仿的效用。

而這樣的模仿，也代表著小孩子採取了與剛剛那個人所做的相同的行動，亦即表示與剛剛做出這個行為的他人擁有相同的體驗、體會了相同的感受。被模仿者做出了那種行動，結果感到了什麼？自己也透過「做出相同的行動」，而體驗了同樣的感覺。

稍微換個說法，就是透過模仿這種行為，將其他人做出來的自己首次見到的行為，納入自己的行為庫。如此一來，就能獲得「**自己原本到現在為止從沒經驗過，但原來做出這樣的行動，會有這種感覺啊！**」的體驗。

而這個的下一階段——第四階段，就是**看著別人的行動，就能瞭解做出那個行動會有什麼感受**。因為那個行動已經在模仿的階段被納進來，成為自己的經驗了。至於自己還沒經歷過的行動會造成什麼感受，當然就不會知道。

運用模仿這種能力，跟著做出其他人正在做的那件事，就能體驗到，原來，這樣做會覺得熱、這樣做會覺得痛、這樣做會覺得難過、這樣做會覺得開心等。只要看到做過那個行動的人或是其他從來沒見過的人又做出了同樣的事，即使自己沒有實際再做一遍，也能理解那人的心裡會產生什麼樣的感受。

我認為，從模仿到理解他人感受的一連串機制，應該就是如此。

伸手助人

接下來，我們來聊一些第四階段關於**理解他人感受**的事情。

從小寶寶出生一直到長大成年的這段過程裡，為什麼他會變得能夠理解他人的感受？而一旦能夠理解別人的心情、他者的心情，又會引導出什麼樣的行動？答案是，會產生幫助他人的利他行為。

比方說，假設有一位兩歲半的黑猩猩寶寶，因為樹枝與樹枝之間的空隙太大，沒辦法過得去，這時只要他發出「呵呵呵」的求助聲，媽媽就會轉過身來，伸出手來把他拉過去。我們在野外，能觀察到像這樣的光景。但相對而言，如果觀察的對象是日本獼猴，就不會看到他們有伸手幫忙自己孩子的行為。但是，黑猩猩卻有。

其他也有像是這樣的例子：博蘇的黑猩猩由於和人類一起住在同一塊區域，因此會頻繁地遭遇人類。而我們也會看到整群黑猩猩走過人在用的馬路的情況。這種時候他們之間的角色分工，令人覺得相當饒富趣味（詳見【圖29】）。

在馬路邊的樹林裡，會先出現一位打頭陣的男性黑猩猩。他左看看右看看，慢慢地走過馬路。因為他一邊輕輕搔抓著身體，可以看出他這時的心情，處於有點緊張的狀態。到馬路的另一邊後，他會在那裡等，不會急急忙忙地繼續往前走。在他的後面，陸陸續續，會有年老或年幼的黑猩猩開始跟著過馬路，背上還馱著小寶寶的黑猩猩母親也開始過馬路。打前鋒的黑猩猩會一直在另一旁的路邊等待，看著其他黑猩猩都安全地通過馬路。這一次，碰巧整個隊伍分成了兩批，後面那一批也在這時候抵達，負責領軍的，同樣又是一位強壯的男性黑猩猩。看看左邊，看看右邊，那位男性黑猩猩

【圖29】過馬路的黑猩猩群（金柏莉・霍金斯〔Kimberley Hockings〕攝）

過完馬路後，後面的年老或年幼黑猩猩們才趕緊過去。當所有的黑猩猩都過完馬路後，兩位成年男性黑猩猩這次換作在最後壓陣，跟著整個隊伍到森林裡去。

在這個過程裡，強壯的男性黑猩猩們總共扮演了三種不同的角色。先是當前鋒出去觀察左右狀況、確認安全。接著，過馬路之後，並不是自己急急忙忙地先走，而是在那邊等，看著其他黑猩猩（包括女性黑猩猩及小黑猩猩）全員安全通過。最後則負責殿後押隊。由於路上會有人，也會有汽車經過，所以男性黑猩猩這樣的行為，等於把自己暴露在危險中。但是即使明知道是讓自己面對危險，也要保護女性黑猩猩及小黑猩猩，這就是**利他行為**。

另外，我也曾看過這樣的光景：樹林裡出來一位抱著小寶寶、乍看之下覺得好像從來沒見過的年輕女性黑猩猩。再仔細看第二眼，才發現那是十歲的男性黑猩猩吉耶札。他胸前抱著一位小寶寶過馬路。跟在後面走第二的，則是一位背著七歲女兒的黑猩猩媽媽。當背著女兒的黑猩猩媽媽也安全通過馬路後，吉耶札才把兩歲半的小寶寶放回那位母親的胸前。

情況跟剛才相似——當前鋒開路、途中守護、押隊後衛。但這個例子，還再多加上一個「幫忙扛東西」。如果吉耶札沒有提供協助，那位黑猩猩媽媽勢必得前面抱一個、後面背一個地帶著兩個小孩過馬路；而且，一個兩歲半，一個已經七歲，都很重，相當不容易。實際上，我也真的看過前面抱一個、後面背一個過馬路，或是把兩個小黑猩猩都背在背上過馬路的情況。但這回，則是有位年輕男性黑猩猩伸手幫忙。

除此之外，也還有這種例子：黑猩猩很愛吃木瓜，但木瓜只生長在民宅前面，不容易摘下來，不是任何黑猩猩都摘得到。所以，摘木瓜就變成是強壯的男性黑猩猩的工作。他們會爬上木瓜樹去，摘下兩顆木瓜——每次幾乎一定都是摘兩個，然後下來。

黑猩猩的嘴巴非常大。大約葡萄柚大小的木瓜，他們可以很輕易地把一顆塞在嘴巴裡，然後單手抓著另一顆，總共帶著兩個爬下來。回到樹林以後，一顆自己吃，另一顆送給心儀的女性黑猩猩吃，木瓜如同示愛的禮物。送禮對象的女性黑猩猩，往往正處於外陰變成粉紅色的排卵期。可是，男性黑猩猩並不是主動拿去送給她，而是「准許」她拿去吃。

正如同只要有光、就會有影，會「伸手助人」，反面來說也就會出現「拐騙」的行為。接下來要說的「拐騙」案例，也證明黑猩猩懂得解讀對方的心思。

拐騙

在對博蘇的黑猩猩進行的長期持續觀察之中，曾經發生過一次令我感到相當驚奇的有趣發現。

有一天，有一位黑猩猩媽媽走進我們的野外實驗場（於第五章詳述）裡。由於適合的石頭正好都被其他黑猩猩拿去用了，所以她找不到石頭來敲開油棕櫚的種子。沒辦法，那位黑猩猩媽媽只好去幫正在用石頭敲油棕櫚種子的九歲兒子理毛。

理了一陣子之後，媽媽停下手來，用四隻腳快速地站了起來。這是表示「換你幫我理毛了」的動作。於是，兒子就放下手中正在敲油棕櫚種子的石頭，開始替媽媽理毛。

接下來的發展相當令人驚訝：黑猩猩媽媽趁隙拿走了兒子的石頭！這個情景不管怎麼看，都沒有第二種解釋——就是兒子被媽媽騙了！

我認為這個案例，是人類以外的動物，也確實存在「拐騙」這種行為的最強力、最明確的證據。

在這個案例裡，被騙的是一位「九歲的兒子」這件事，事實上是個非常微妙的重要關鍵。黑猩猩的九歲，換算為人類年齡大約是乘一．五倍，所以大約是人類的十三歲半左右，可說正處於一個尷尬的青春期。

為什麼尷尬呢？因為如果是年紀更小一點的小黑猩猩，只要把他趕走就好了。黑猩猩媽媽隨便把巨大的身體緩慢地往那邊移動過去，小黑猩猩自己就會識相地離開。相反地，如果正在用石頭的是一位成年的男性黑猩猩，那就只能慢慢等。只要有耐心等，遲早他會用完石頭、到別的地方去，等他走了之後，再去拿他原本在用的石頭來用就可以了。

換句話說，如果自己處於優勢，就把對方趕走；如果自己處於劣勢，就靜待時機。可是，「九歲的兒子」真的是個很微妙的年紀——要趕走他並不容易，但話說回來，也不是嚴重到需要特別在那邊等的地步。在我眼裡看來，這時黑猩猩媽媽耍了一點心機，用第三種方式——「拐騙」，來達到她的目的。

社會智能的四個發展階段

四個階段都已經說明過後，讓我們重新再做一次整理：

①與生俱來，母親與子女之間就能夠自然地進行交流。

②長到一歲半左右，就會本能地採取和別人相同的行動，讓彼此的行為同步。

③大概從三歲左右起，在採取相同行動的過程中，如果發現有誰做出不一樣的舉動、自己從來沒做過的行動，就會對那個行動進行模仿。很明顯地對新的行為進行模仿。而一旦模仿過他者的行動，自己就會體驗到他者做出該行動後的結果。基於那樣的體

驗，以後看到他者做出某種行動時，自己也能感同身受——體會「做完那個行動後，內心會有什麼樣的感受」。

④以模仿為基礎，變得能夠理解對方的內心感受。在這之後，才會真正出現「伸手助人」的這種利他行為。或者是，由於能夠預期對方會怎麼做，所以也能夠做出「拐騙」的事情。

我們對猴子、黑猩猩與人類進行比較，看看包含在這四個階段裡的不同行為，是否會在他們身上出現。以第一階段而言，我們可以看看母子間會不會相互凝視，存不存在新生兒微笑，存不存在新生兒模仿等等。根據到目前為止的各種實驗與研究結果，猴子基本上全部都「沒有」，黑猩猩基本上全部都「有」，人類也是全部都「有」。

也就是說，人類一直到成長到四、五歲，能夠理解他人感受的過程中所經歷過的所有階段，黑猩猩幾乎也都有。但是，人類有一個特徵是黑猩猩明確沒有的，那就是「角色扮演的扮家家酒遊戲」，以及在那裡面可見到的角色分工與互惠性。

來玩賣菜的遊戲吧！你當店老闆，我來當客人。

來玩盪鞦韆吧！我先幫你推，等一下換你幫我推。

在黑猩猩的世界裡，到目前為止還沒發現有像這樣的「互惠式角色分工」存在的事實。如果只談利他行為，那麼黑猩猩也很明確有這樣的行動：為了某個誰，做出什麼事。但是，這樣的施惠並不會相互交換。母親會對子女做出利他行為，但基本上子女並不會對母親做些什麼回饋，了不起只是替媽媽理理毛而已。

假設現在有個家庭，大家一起圍坐在餐桌上吃草莓，媽媽拿草莓餵給小孩吃。這樣的光景，在人類小孩長到大概過了一歲以後，小孩就會開始主張：「我要自己吃！」而自己進食。還不是只有這樣。「媽媽也吃嘛！」當小孩子的年紀再大一點之後，還會主動把草莓也拿給媽媽吃。這是在黑猩猩身上絕對看不到的行為。

人類會主動拿東西給別人，會彼此拿東西給彼此，更進一步，甚至會為了他人，獻出自己的生命。這是比利他還要再更進一步的互惠，甚至是自我犧牲。我認為，這可以說是人類與其他動物之間，讓人類之所以為人類的智能差異。

第五章

工具

——認知的深淺

相對於**心智理論**（Theory of Mind），我試著思考另一種**器物理論**。

心智理論一詞，是由我赴美國研究時的指導老師——普列馬克（David Premack）所創。他認為人類智能的本質，在於「理解他人的心理」。換句話說，他人的內心世界，並非以現實存在的方式展現在人們眼前，而是必須透過那個人的行為，去進行推論，也就是像這樣的推論：「那個人之所以採取了這樣的行為，應該是因為他的心裡這麼想的緣故。」而我們人類，就擁有這種對他人的心情、思緒、嗜好、信念等內心世界進行推論的能力。

器物理論則是相對於這種概念的一個想法——相較於他人的心理，物品則是以「確實眼所能見」的現實形態方式存在，但是那項物品如何被認知，則完全又回到心智的世界。動物行為學之祖——魏克斯庫爾（Jakob Johann Baron von Uexküll）很早以前就已發覺到這一點，他把「環境」與「主體世界」（Umwelt）做了區隔，認為即使物理環境完全相同，待在同一間房間裡的蒼蠅複眼中所看到的房間、一隻狗眼中看到的黑白色調房間，以及我這個人類眼中所看到的房間，全都不同。如何與充斥在這個環境中的各項物品進行連結，依動物種類而有差異，依個體發展的階段也完全不同。

前一章裡，我為各位讀者敘述了推導出「心智理論」的，關於人類智能發展的四階段理論。接下來這一章裡，我們要來看看關於器物的智能發展——換句話說，也就是來看看如何推導出讓人類之所以為人類的「器物理論」的過程。

各式各樣的工具

到目前為止我已經提過很多次，博蘇的黑猩猩會用一組石頭分別當做榔頭和底座，敲開油棕櫚的種子，以便取出裡面的核仁來食用。然而，他們會使用的工具還不只如此。比方說，他們也會用棍子來「釣狩獵蟻（Safari Ants）」。

狩獵蟻又稱烈蟻，蟻群由走在隊列外側負責護衛的兵蟻，以及走在隊伍中間的工蟻所組成。博蘇的黑猩猩，會運用棍子來吃這些螞蟻。只要把棍子的前端抵在地上，受驚的兵蟻就會急急忙忙往棍子上爬，黑猩猩看時機差不多了，就會把棍子提起來，整根舔乾淨。我也曾經好奇地嘗嘗看，吃起來並不美味。

此外，他們也會用蕨類植物的葉子來撈水藻（詳見【圖30】）。我第一次看到時，還以為他們在釣螞蟻，可是，池塘裡怎麼會有螞蟻可以釣呢？再仔細觀察，才知道他們是在撈水藻吃。這是新發現。

撈水藻的工具，製作方法如下：

首先到森林裡，拔下蕨類植物的葉子，把最前面的部分咬掉，讓整支的長度大約是五十公分左右，然後把兩邊的側葉都拔掉。如此一來，原本長著側葉的地方，會留下一截一截的小短柄，以適當的間隔凸在中間那段主柄上。這，就是最適合用來撈水綿（*Spirogyra*，一種綠藻）的撈棒了！

再來，他們還會用葉子來喝水。他們會特別選用一種叫做 *Hybophrynium braunianum* 的植物的寬葉子，首先把葉子縱向對折，然後一邊把它往嘴裡面塞，一邊用舌頭把它折成凹、凸、凹、凸的管狀，如同蛇腹管一般（詳見【圖31】）。把用這種方式折好的葉子放進

【圖30】用蕨類植物的葉柄做成撈棒，來撈水藻（大橋岳攝）

積水的地方，水就會殘留在蛇腹管裡的凹處，再拿來飲用。

用野外實驗方式研究黑猩猩的工具使用

為了研究野生黑猩猩的這些工具使用狀況，我所採用的手法是「野外實驗」，是以實驗的方式，重現出原本自然呈現的工具使用情形——說得簡單一點，就是為此在野外設置一個實驗場，把黑猩猩頻繁使用的場所，做為戶外實驗室。

常用的傳統研究方式，是在棲息地進行「觀察」，在實驗室則進行所謂的「實驗」。以我而言，我既做觀察，也做實驗，而且我還更進一步，在棲息地不只進行觀察，還做「野外實驗」；另一方面在實驗室裡，我不只進行實驗，還做「參與觀察」（這部分將於第六章詳述）。

如果用一句話來概括我的研究，我想，那會是「對在實

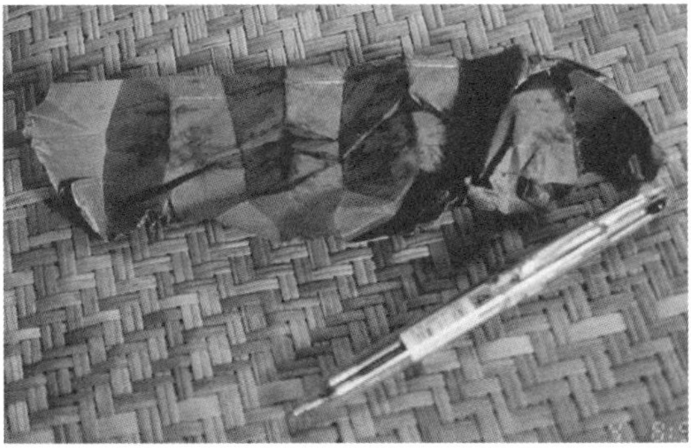

【圖31】留有被折成蛇腹管般痕跡的葉子（松澤哲郎攝）

驗室裡的研究與在野外的研究進行揚棄」吧。所謂的「揚棄」，是一個哲學專有名詞，來自德文的Aufheben一字。它的意義有點接近「整合」或「統合」，是「把東西結合起來，使其更加昇華、提升」之意。透過把不同的兩種手法交疊在一起，追求更高層次的理解。

如果用比較口語的方式解釋，就是我並非把黑猩猩的哪個部分進行分解之後再理解，而是以交疊不同手法的方式，去理解「完整的黑猩猩」。因為要對完整的一切進行理解，所以以研究場所而言，我既前往非洲的野生棲息地，也在日本的實驗室中研究。接著，我還更進一步，針對「地點」（棲息地與實驗室）和「方法」（觀察與實驗），綜合使用2×2的四種研究方式，進行試圖描繪出整個完整的黑猩猩——或者該說是整個完整的黑猩猩內在心智——的研究。

「於實驗室內的研究」與「在野外的研究」的揚棄

		方法	
		觀察	實驗
場所	棲息地	觀察	**野外實驗**
場所	實驗室	**參與觀察**	實驗

而用野外實驗的方式研究黑猩猩使用工具的情況，至少有兩個優點。第一個是，如果純粹只是跟在黑猩猩群後面做觀察，很少能有機會親眼看到他們使用工具。可是如果用實驗的方式讓這個情景重現，就能以幾十倍的頻率看得到。第二個優點則是，還能進行實驗性的操

作——比方說，把放在那裡的石頭數目做個改變，或是改變拿來敲的種子的種類等等。

前面介紹過，黑猩猩會用葉子來喝水。在還沒開始進行野外實驗、純粹只是跟著他們做觀察的時代，這種「用葉子喝水」的案例在十年中合計超過十個月的觀察期間裡，只被記錄到三次。可是當我們在那個調查石器使用狀況的野外實驗場也開始進行喝水的實驗之後，每天都能在同一個場所，看到他們喝水的情景。他們只用 *Hybophrynium braunianum* 的葉子來喝水這件事情，也是開始在野外實驗場進行觀察之後，才首度瞭解的事實。

為了調查他們用葉子喝水的情況，我們在獲得當地嚮導的許可之下，以人工方式在生長在野外實驗場的樹幹上挖了洞。那時候嚮導說的話，我至今仍印象非常深刻。「就像我們的手受了點傷也會自然痊癒一樣，即使在大樹的樹幹上鑿個洞，它也會自動癒合傷口，成為一個自然的孔穴，」嚮導這麼說，而那句：「但是，還是會依樹的種類而有所不同。」的補充說明，讓我覺得原來如此，深感佩服。

我們用這個方式鑿出來的孔穴，下方剛好形成一個能裝十五公升水的空間。只要事先把水灌滿，黑猩猩就會來這裡喝水。等他們喝完離開，再去重新把水補到滿，看添加的水量，就知道他們一共喝了多少水。我稍微動了點腦筋設計，想出了像這樣能夠正確測量飲水量的方法。

透過野外實驗，能夠做出劃時代的研究。像使用石器和用葉子喝水這兩種不同的工具使用狀況，能在「同一個時期」於「同一個場所」進行定點觀測。透過定點觀測所瞭解到的「工具使用的發展」，會在後面的小節為各位說明。

在博蘇，我們是把野外實驗場設在黑猩猩遊動區域的正中心，然後在離黑猩猩會來到的地方約十五至二十公尺遠處，搭一個用草製成的籬笆，人就躲在籬笆的另一面，準備好錄影機和照相機，觀察來到這裡的黑猩猩行為（詳見【圖32】）。黑猩猩的小集團約是以每

【圖32】藏身在用草製成的籬笆另一面，觀察來到野外實驗場的黑猩猩（松澤哲郎攝）

天二到三次的頻率，來到這地方。

摜用手

透過野外實驗，讓我們瞭解了很多事情，其中之一，就是摜用手。這是首度確認了人類以外的動物，在使用工具時，「有百分之百的摜用手」這個情況。這是我與伏見貴夫先生以及杉山幸丸先生的小組所共同研究的成果。

人類大約十個人裡面，有九個是右撇子（九十％）。黑猩猩則不同，大約三位黑猩猩裡，會有兩位是右撇子（六十七％），一位是左撇子。

我們用野外實驗的方式，以超過二十年以上的時間，對博蘇的黑猩猩們使用石器的情況留下了紀錄。這個研究，已經由中村德子小姐、畢洛（Dora Biro）小姐、索瑟（Claudia Sousa）小姐、林美里小姐以及卡瓦略（Susana Carvalho）小姐，總共五代的共同研究者一直接力到現在。與她們一起解讀累積至今的龐大紀錄資料，會發現許多非常有趣的事情。

比方說，我們對母子一組的黑猩猩調查他們是右撇子還是左撇子，會發現四種不同的組合方式全都存在。換句話說，黑猩猩的摜用手並不是來自母親的遺傳。相對來說，人類則會有微弱的遺傳。

很有趣的現象是，攢用手在兄弟姐妹之間，呈現出一致的情形。我們可以說，由同一位母親帶大的小黑猩猩們，攢用手都一樣。這或許可以解釋成，黑猩猩的攢用手可能是由「被同一位母親養育」的這種環境因素所決定，但真實的答案，仍未明瞭。

接下來，讓我更詳細說明在透過野外實驗研究石器使用的發展後，漸漸變得愈來愈清晰的器物理論。

工具使用的發展

要獲得使用工具的能力，有其漸進式的發展過程。

首先，依工具的不同，有能力使用該工具的年齡也不同。約在兩歲以前，黑猩猩就能開始用葉子喝水，但使用石器，則要等到成長到四至五歲之後才有辦法。在三歲以前，黑猩猩都沒辦法使用石器。

這個事實，我們究竟該如何解釋？

用葉子喝水這件事，工具（葉子）與標的（水），能以一對一的方式連結在一起。

但使用石器這件事，則是用兩個一組的櫛頭石和底座石當石器，敲開植物的種子；必須把種子放在底座石上，然後用櫛頭石敲擊種子，才有可能把種子敲開——也就是說，必須把櫛頭石、底座石和種子這三種東西連結在一起。

在野外實驗場觀察黑猩猩使用石器的發展過程，會發現有的小黑猩猩懂得要把種子放在底座石上，但就到此為止。接下來，會看到他或是用手敲種子，或是用腳踩種子。也會看到有小黑猩猩雖然手上拿著石頭，但卻沒把種子放在底座石上，而是放在鬆軟的地面上就去敲擊。要成功敲開種子，櫛頭石、底座石和種子三者必須以彼此相關的整體方式連結在一起，但小黑猩猩在那個年紀時，卻還沒有辦法做到。

以這個角度觀之，即使同樣是「使用工具」一事，其階層性（困難等級）也有不同。使用石器和使用葉子喝水比起來，其難度更高一籌。「把種子放在底座石上」的這種定位，跟「把葉子放進積水處」的這種定位，其等級相同。用葉子喝水只要做到這邊，工具的使用就已經成立；但換做是石器，如果不在那個「已經定位好的東西」上「再定位另一件東西」，就無法構成工具的使用。換句話說，對這件事情我們可以這樣解釋——工具的使用，分成了兩種不同的等級。

關於這個階層性，如果我們用以下「行為的文法」的方式思考，就能更明確地對其進行解析。

行為文法

在這裡，我想提出一個大膽的建議，建議大家試著這麼想——如同人類的語言有其「文法」存在，行為也同樣有其「文法」。

比方說，讓我們來分析一下「用石器敲開種子，取出裡面的核仁」這件事情。這一連串的動作，必須要那些構成這一連串動作的複數動作，依一定的規則照順序執行，才能成為具有意義之事。如果我們同意語言具有記述語言的文法，那麼不限於語言，我們也能構想出用來記述一連串動作的「行為文法」。我仿效語言學家喬姆斯基（Noam Chomsky）的「生成語法」（Generative Grammar）概念，試著建構出用來記述行為的文法。

一講到文法，我們馬上就會想到的是語言的文法。對於人類語言的研究，粗略可分為四種不同的角度，如果用極為簡化的方式來說明，其一是研究語言使用何種聲音元素的語音學（Phonology），其二是研究某個音組代表何種意義的語意學（Semantics），其三是研究語言結構——語言是以何種順序組合起來才有其意義的語法學（Syntax），其四則是研究語言實際使用方式的語用學（Pragmatics）。

在語音學、語意學、語法學、語用學這四大學門之中，我們在這裡提到的「文法」，可說幾乎等同於研究「詞語是以什麼樣的結構順序組合起來，才能成為文句？」的語法學。讓我們把同樣的概念套用到行為上，試著做些思考。

舉例來說，使用石器這件事，可視為記述了那一連串動作的直述句——誰，在哪裡，把什麼東西，怎麼了。讓我們先把這一連串的行為，用文字的方式表達。

黑猩猩用左手拿種子，把種子放在底座石上面，用拿在右手的榔頭石敲開，用左手把裂開的種子的核仁取出來食用。做完前述動作後，用左手把碎屑撥開，然後用左手繼續拿下一個種子，再放到底座石上面，用拿在右手的榔頭石敲擊。

就像這樣，成年黑猩猩所做出來的一連串「敲開種子」的行為，能以排列成直述句的方式記述。而其基本前提，就是這一連串行為，能用複數的句子去進行替代。

以文法的觀點來分析這個句子，會發現裡面包含著四個要素，分別是行為主體、動作、標的物以及地點。

所謂的行為主體，就是行為者，也就是「由誰去做」。動作指的是行為，也就是「去做什麼」。標的物指的是對象，也就是「對什麼東西做出行為」。地點則是指場所，也就是

「要把對象定位在哪裡」。如果用一般的文法專有名詞來說明，行為主體相當於主詞，動作相當於動詞，標的物是直接受詞，地點則是間接受詞。以英文簡寫表示，分別是S（主詞）、V（動詞）、DO（直接受詞）以及IO（間接受詞）。

如果用這樣的記述形式，當我們看見某行為時，就能用行為的文法去表達那個行為。一旦把行為記述成文句的模式，行為就會像文句的語法結構一樣，呈現出結構，然後我們就能用喬姆斯基構想出來的樹狀結構分析法，針對這個結構進行分析。以上，就是我的想法的主軸。

「行為文法」究竟由誰最先想到，是個微妙的問題。如果講求文獻證據，那麼最早提出「行為文法」這種概念的人，應該是加州大學洛杉磯分校的發展心理學家派翠西亞．格林菲爾德（Patricia Greenfield）。雖然我也幾乎在同一個時期產生出同樣的想法，但若要問到誰先把它發表，那麼是格林菲爾德小姐比較早。

但在這裡討論究竟是什麼人最早構思出「行為文法」這個概念，已不具太大意義。重要的是，我本身又把這個「行為文法」概念做更進一步的發展，提出「把主體和動作都先忽視」的想法。動作到底是「抓住」或是「敲擊」？主體到底是「誰」？我們都先不予理會，只聚焦於表達出與該行為相關的「物與物間的關係」——也就是，我們只把重點鎖定在「標的物」以及「地點」這兩個能在物品的世界中記述的物與物間的關係。

在社會智能方面，我們分析的是人與人的關係。「心智理論」用的正是這樣的方式，聚焦於人心與人心之間的關係。而其結果，可用「能夠理解他人內心的『我的心』，才是人類社會智能的特徵」來表現。

同樣的，在物質智能方面，我們分析的則是物與物的關係。「器物理論」用的正是這樣的方式，想解開器物與器物之間的關係。複數的器物之間，究竟會成立什麼樣的關係？我認為，應該可以由這樣的角度，去對「使用工具」這件事的本質進行明確的記述。

黑猩猩的行為非常複雜多樣，有數十種使用工具的模式。他們既會使用石器，也會擣椰子，還會撈水藻、釣螞蟻、釣白蟻、用樹葉擦屁股等等。雖然他們會做的事情有很多，但如果我們只把焦點鎖定在「物與物間的關係」，就能看出一個基本上非常單純的結構——黑猩猩的工具使用狀況乍看之下很多樣化，但總歸一句，就是「用工具把標的物怎麼樣？」的這個動作。

以「用棍子釣螞蟻」這個工具使用模式為例，如果說地上有根棍子，螞蟻在地上爬，光是這樣的話，棍子和螞蟻之間就不存在任何關係。可是，黑猩猩這個行為主體，把棍子拿來做什麼呢？他把棍子拿來定位在螞蟻群上——不是被風吹的，也不是其他動物做的，是那位黑猩猩，把棍子拿到有螞蟻的地方去——因為是黑猩猩扮演了行為主體，做出了這件事，所以我們才把這件事認定為工具的使用。

這種時候，行為者究竟做了什麼動作，用的是右手還是左手，我們都不在意。讓我們把這些事情全都拋到一邊，只聚焦於物與物間的關係，試著畫出一個樹狀結構圖（詳見【圖33】）。如此一來，就會形成一張用一個節點，把原本彼此之間並無關連的兩個東西——棍子和螞蟻——連結成「有關係」的圖。這就是工具使用的本質。由於「用棍子釣螞蟻」的關係（節點）只有一個，所以我把這種工具定義為「第一級工具」。

如果以這樣的方式畫出樹狀結構圖，我們就會發現黑猩猩的工具使用模式，幾乎全都是第一級的工具使用。除了黑猩猩以外，像是海獺會用石頭敲破貝殼，或是烏鴉、老鷹、獴、猴子等等……已知許多動物都會使用工具，但基本上他

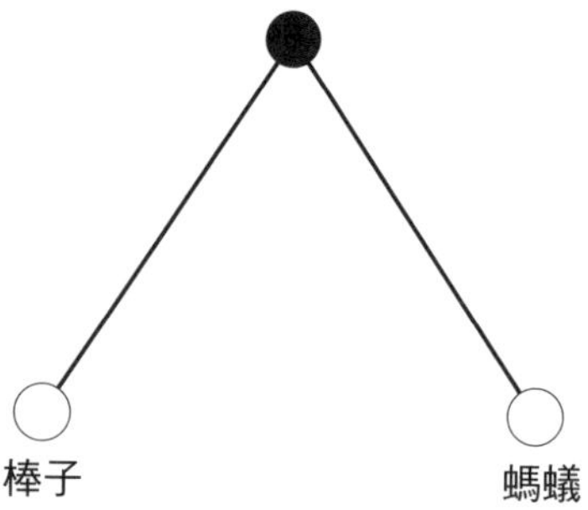

【圖33】「用棍子釣螞蟻」的結構分析——第一級工具

們用的，全都是第一級工具。

說得更正確一點，在第一級工具下面，其實也還有尚未到達第一級的工具。雖然這也依我們如何定義「什麼是工具？」而有所不同，但一般而言，我們通常是把可以移動的東西定義為工具（也就是前述的標的物，簡單來講就是物品）。而像是無法移動的地面等等，我們一般不會稱那是「物品」，而會說那是「基層」（不好意思，這樣的用語有點怪，可能讓讀者讀得有點混亂）。

動物會把「基層」當做工具來運用，自古以來就廣為人知。像是老鷹會啣著蛋飛到高處後，把蛋往石頭上丟，讓它砸破，就是一個例子。在這個例子裡，石頭就是基層。如果把蛋丟到草地上，它可能不會摔破，但若掉在石頭上，啪嚓一聲就破了。或者是，烏鴉把核桃放在馬路上，讓來往的車輛把殼壓破，也是同樣的邏輯。

這些到底算不算是使用工具？其實全視定義而定。我們也不是不能說，老鷹把岩盤當成工具使用。岩盤是「基層」，所以不是使用可移動的物品當工具。可是，老鷹帶著蛋飛到高處，將它丟下來，那顆蛋砸在岩盤上破碎了，讓老鷹能吃到裡面的蛋白和蛋黃。這段過程，能充分運用行為的文法去記述；而「蛋與岩盤」這種「標的物與地點」之間的關係，則可成立無虞。烏鴉的例子也是一樣，先不管「車子去碾它」這件事情，只就「烏鴉把核桃放在車子會經過的車轍上」這樣子去記述的話，兩者都是第一級工具。

如果用這樣的方式分析，我們會發現，其實只有使用石器這件事是屬於「第二級工具」。首先，必須把種子放在底座石上。然後，必須用榔頭石敲擊那顆種子（詳見【圖34】）。在這個過程裡，一共動用了三種東西；而這三種東西又必須建立起正確的關係，才能讓使用石器這件事圓滿成功。

還沒辦法順利敲破種子的小黑猩猩，有的是拿榔頭石來敲底座石，有的把榔頭石拿來用嘴巴啣住，有的一直把榔頭石拿在手上，有的把種子放到底座石上後又把它弄掉了……總之就是不斷重複做出這些事。這些動作，全部都是屬於第○級或第一級階段。

若是長時間觀察野生黑猩猩的工具使用狀況，會發現他們在使用石器時，偶爾會有「第三級工具」的情況出現（雖

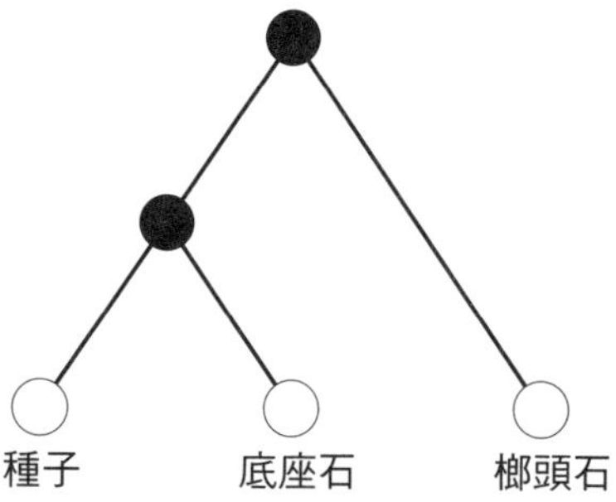

【圖34】「用底座石與榔頭石敲開種子」的結構分析——第二級工具

然這種情況相當少見）。那就是，在底座石底下再加上墊子石的例子。

如果底座石的表面傾斜，形狀像顆橄欖的種子就會滾來滾去掉下去，沒辦法好好放穩在石面上。這個時候，如果在底座石下面再塞一塊墊子石，底座就會穩固，表面也能保持接近完美的水平。我們已經發現，黑猩猩會有這種使用第三顆石頭的案例。

只是，說得更正確一點，黑猩猩的操作模式是把底座石拿來往墊子石上面放。如果是人類，做法應該是會拿著底座石，然後把墊子石塞進去。但事實上黑猩猩的情況，則是把底座石擺來擺去時，剛好把它放置在適當的墊子石上。

但總而言之，因為有了墊子石的關係，所以做出一塊安定的底座石。然後再把種子放在那個底座石上面，用榔頭石敲擊那顆種子（詳見【圖35】）。黑猩猩至少要到六歲半左右以後，才有辦法做出這樣的行為。

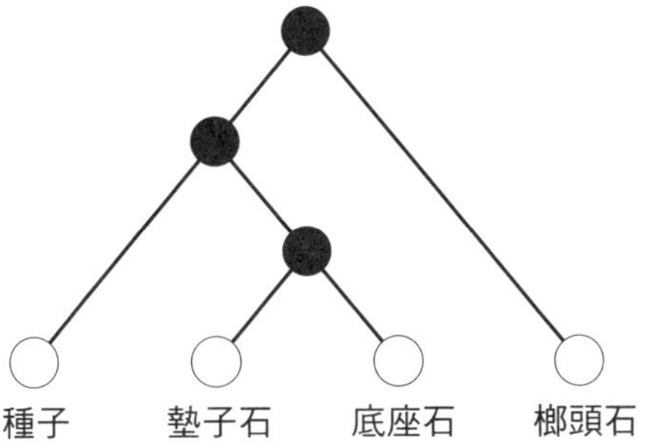

【圖35】使用包含墊子石在內的石器——第三級工具

究竟在黑猩猩的實際認知上，他們是不是真的把墊子石認知為「用來讓底座石保持水平狀態的墊子」？關於這一點，情況相當微妙。如果他們先把墊子石拿在手上，然後把它放在底座石下面，同時用另一隻手拿著底座石操作的話，就能很明顯地讓人感受到其意圖。但是實際上，當黑猩猩覺得底座石怎麼老是怪怪的之際，他們會做出很多種事情來。

他們會把底座石上下翻轉試試看。有時候，把上下翻個面，就能正好適用。

他們也會把底座石依水平方向左右旋轉看看。由於地面不一定很平整，所以如果地面略有傾斜，有時候把底座石左右轉一轉之後，會剛好讓表面變得水平。

孔武有力的成年男性黑猩猩，還有另外一種使用蠻力解決的絕招，就是直接用一隻腳握住傾斜的底座石，讓它變得水平。也就是用一隻腳支撐底座石，然後騰出雙手操作種子和榔頭石。

在做這些各式各樣的嘗試時，有時候，會出現試著隨便把底座石放在別的石頭上的情況。所以，有時候看起來會像是純粹只是碰巧運氣好，有時候則會出現直接就把底座石順利架在墊子石上，而讓人大吃一驚的情形。所以我只能說，他們究竟有沒有把墊子石認知為墊子石，相當難以回答。

不過有一件可以確定的，是他們應該已經很明確地認知到種子之所以會滾動，是因為底座石的表面不夠水平的緣故。他們一把石頭拿過來，還沒開始敲種子之前，就會先轉轉底座石。會做出這件事，明顯顯示出他們已經認知了底座石的傾斜和種子的滾動之間具有因果關係。我再強調一次，他們並不是先敲敲看，發現種子會亂滾，才開始轉動底座石；而是一開始就先轉，讓底座石處於差不多妥當的位置。會做出這種事前調整的，僅限於成年黑猩猩。他們能依據對因果關係的理解，做出準備，以預測將來會如何的方式，操控手上的工具。

這邊的重點，就在於種子、墊子石、底座石和榔頭石這四件物品之間的關係。如果只處於最自然的狀態，那就只不過是自然界裡，有三顆石頭和一個種子放在地面上，僅此而已。但是黑猩猩這個行為主體，把這些東西以彼此相互關連的方式組合起來，它們才首度能夠成為工具，發揮功能。

這個時候，存在著一種像文法般的規則，連結起物品與物品間的關係。不是單純把三顆石頭湊在一起就可以，而是必須把一顆石頭當成墊子石安置在底座石的下面，然後把種子放在底座石上，最後用榔頭石敲擊種子。完成這一連串動作，種子才會裂開，才能取出藏在裡面的核仁食用。因此，這個行為裡一共存在有三個節點——①把墊子石與底座石組合在一起，讓底座石上面的平面保持水平；②把種子放在底座石上；③用榔頭石敲擊那顆放在底座石上的種子。一共存在這三個階層。

以上，就是行為的文法。這個概念的優點相當顯而易見，透過僅著眼於物與物之間的關係，我們可以把複雜的工具使用情況，用第一級工具、第二級工具、第三級工具的方式簡化歸類。而工具使用能力的發展階段，也配合工具的等級。第一級工具可在兩歲以前學會，第二級工具要到四至五歲時才能學會，第三級工具則至少要到六歲半以後才可能見到他們使用。行為的文法的節點數目，其實對應的是認知能力的水準。也就是說，「用行為的文法來說明工具使用這件事」的允當性，獲得了來自實際發展階段的資料的補強。

使用工具與使用記號的同形性

接下來，我想指出黑猩猩在使用工具上與使用記號上具有同形性（Isomorphism）——也就是有著相同的情形。正如同使用工具有等級之別，使用記號也有等級之分。

我之所以主張這個想法，背景是因為有些人主張黑猩猩或大猩猩、紅毛猩猩能以手語、塑料片或圖形文字的方式學會語言。但是，如果用語法學的結構來分析那些所謂「他們學會的語言」，會發現在那裡面，存在著明顯的侷限。

那個侷限究竟是什麼？那就是基本上這些語言，幾乎全部都是等級一的水準。他們使用的語言，大體上就是像「蘋果」或是「紅色」或是「打開」之類的詞彙，全都是把「手語或記號」與「物品或事象」，用一對一的方式連結在一起——簡單來說就是相當於「單字」。而且，即使是所謂的「學會了很多」，了不起就是數百個而已。到目前為止，還沒有哪一位研究者主張他們學會了數千以上的詞彙。

對大猿進行的語言學習研究，始於一九六九年刊載於《科學》（*Science*）期刊上，由加德納夫婦（Robert & Beatrice Gardner）發表的一篇論文——〈教黑猩猩用手語〉。接著，有普列馬克夫婦以各種不同的塑料片代表不同記號的研究，以及沙維吉—藍保夫婦（Duane & Sue Savage-Rumbaugh）以圖形文字進行的研究。而共通於這些所有研究裡的事實，就是即使可確證黑猩猩能記得數百個單字或記號，但基本上那些單字或記號，全都是以一對一的方式去對物品或事象做連結。

如果去計算他們「每一次以手語進行的溝通交流中，平均使用到幾個手語」（平均發語長度），會發現再怎麼樣都不超過二——平均發語長度全都在二以下。也就是說，比出他「打開它」的手語後，把東西打開，事情就結束。「蘋果」，然後結束。大部分的情況，溝通交流都是像這樣以單一手語的情況結束。雖然也有像是「蘋果、蘋果、蘋果、蘋果」的這種情況，但那只是純粹不斷反覆而已。除了那種特例以外，平均發語長度都不到二。

在語言行為（Verbal Behavior）方面，行為學派心理學（Behaviorism）大師史金納（Burrhus Frederic Skinner）把語言依功能特性分成表達需要（Mand）與標示指稱（Tact）等不同種類。Mand就如同會讓人聯想到需求或命令似地，意味著表達某種需要時的語言行為。而標示指稱，指的則是一種記述物品、動作、事件等的語言行為。

以大猩猩的手語為例，比方說，他看著繪本，看到有鳥類的圖案出現時，會指著耳朵，做出「聽」的訊號。但他並不是在下達「嘿，聽一下！」的命令，而比較像是純粹看到眼前的鳥兒，聯想到它的聲音。像這樣的語言行為，就是「標示指稱」。

基於對大猿進行的手語研究結果，我們已經知道他們不是只會做出表達需要的語言行為，連記述事象的語言也會頻繁出現。像這樣的例子不斷在街頭巷尾反覆流傳之後，就會建立起「大猿學會語言了」的評斷。但以我個人而言，我總是與這樣的風潮保持一定的——說得更正確一點，應該是保持很大的——距離。

我的立場是認為，不管是表達需要或是標示指稱，大猿所學會的語言，幾乎全部都是第一級的記號使用。比方說，無論是表示「鉛筆」的圖形文字也好，手語也好，如果用行為的文法進行分析，那都只不過是在眼前有一枝鉛筆現實存在時，去選擇某個文字（或比出某個手語），如此而已（詳見【圖36】）。

以使用工具而言，最複雜的情況是運用到第三級工具。目前還沒有發現野生黑猩猩有比那更複雜的工具使用。在墊子石上面放上底座石，把種子放到底座石上，用榔頭石敲擊那顆種子——這就是到目前為止已知最複雜的工具使用。那麼，最複雜的記號使用是什麼呢？以我自己的研究結果而言，如果拿五支紅鉛筆給小愛看，她會從鍵盤上選出數字的「5」，表示顏色的圖形文字「紅」，以及表示物品的圖形文字「鉛筆」。這應該相當於使用工具的第三級——用表示顏色和物品和數字的記號群的組合，去描述現實上的標的物「五枝紅鉛筆」。如果用記號使用的樹狀結構表示，就會像【圖37】那樣，達到第三級。

而這種時候的表達，倒不一定有明確的順序性。就像墊子石和底座石的順序關係並未明確一樣，顏色與物品的順序也沒有固定。以小愛而言，她選鍵盤時，有時會先選「紅」再選「鉛筆」，有時又會先選「鉛筆」再選「紅」。

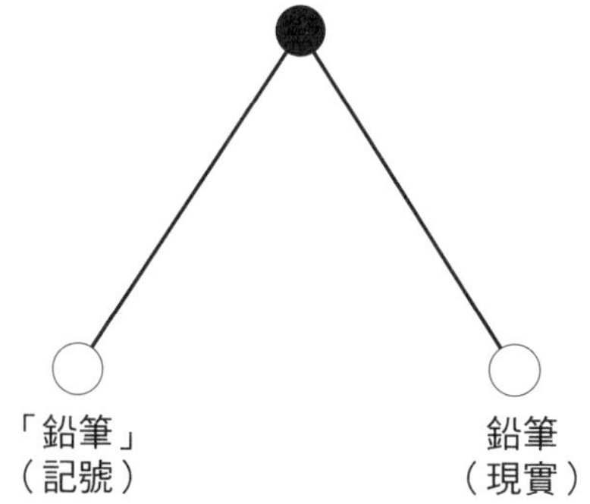

【圖36】第一級的記號使用

但是無論如何，數量一定是擺在最後。她主動創造了某種語法上的規則。雖然「紅」「鉛筆」「5」或是「鉛筆」「紅」「5」的情況都有可能出現，但在小愛的心智裡並非不存在語法規則。在這個文法上相當於名詞片語的句子裡，其實存在有「先回答顏色或物品，最後才回答數量」的語法規則。

為什麼小愛會有這樣的語法規則呢？這個問題，無法只用「來自她過去的經驗」回答。如果說，小愛學這些東西時的順序是「物品、顏色、數量」，而她表達時也都固定使用「物品、顏色、數量」這個次序，我們就能主張「那樣的文法，出自於她學習的順序」。相反的，如果她是愈近期學會的東西記得愈清楚，那次序則應該會變成「數量、顏色、物品」。可是實際上，她卻是先選擇顏色或物品的其中之一，而數量則一定擺在最後。

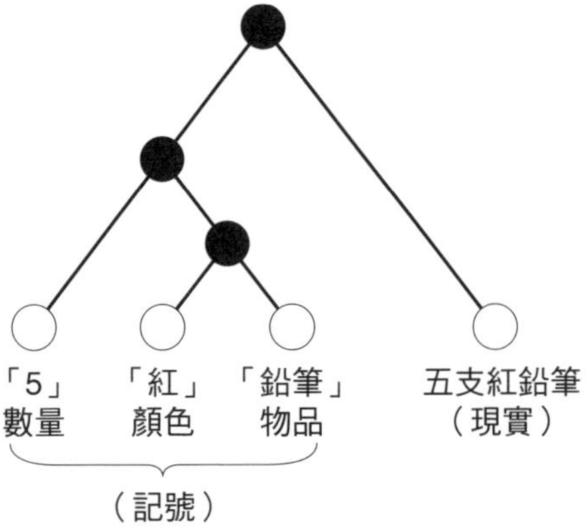

【圖37】第三級的記號使用

如果這樣的語法規則並非來自經驗，那我們能如何去解釋它呢？我猜想，有一個可能性是小愛在區分物品、顏色、數量等屬性時，有對她來說「容易認知的東西」與「不容易認知的東西」的區別。以這個例子而言，小愛當時正好學習到六為止的數字，心理上處於「必須正確地認知數量，回答出正確答案」的情緒之中。對事物的認知過程，相當於處在「知道那是鉛筆，認得那是紅色，但講到數量的話，『唔……這到底是多少？好像是五的樣子吧？』」的情況。而這個認知過程，就直接反映在詞序（選擇鍵盤按鍵的順序）裡了。我想，有可能可以用這樣的方式去解釋。

在前面這個小愛的例子裡，出現的屬性總共是顏色、物品、數量這三項。但是，並不是說小愛無法認知其他的屬性並進行運用。鉛筆這種東西，是圓的還是尖的？是長的還是短的？是硬的還是軟的？是和紙有關係的，還是和布有關係的？我認為，小愛確實有可能在日常生活中知道鉛筆這種東西的各種屬性，也能夠把這些個別的屬性單獨取出來運用。因為她應該有能力進行第一級的記號使用。

他們能夠認知的屬性種類有多少？雖然我還沒有用實驗的方式證明，所以無法斷言，但我猜測，應該也不會有所限制。比方說，以鉛筆而言，我們所能想到的屬性（哲學用語叫做**內涵**），包括尖的、能寫字的、細細長長的、芯是黑色的……等等，對於「鉛筆是怎樣的」

的描述方式，有無限多種。我認為，他們有可能能夠逐一學會這些各種屬性。

只要針對鉛筆之類的某個標的物，分別思考其相當於「尖的」這個形容詞的事象，或是關於「能寫字的」這個功能的事象，就可以了。讓我們試著把等級（階層）理論擴大思考。節點不是只能連結物與物，也能有連結事象與事象的節點，甚至是連結物與事象的節點。每一種都是第一級的連結。這樣的擴大思考，我想應該算是允當。我認為，黑猩猩應該也能學會像這樣的記號。

基於行為的文法所展開的認知功能等級理論——我們能構想出這樣的概念。假定，使用工具時「依物與物之間的關係而成立的節點數量」這個概念，可以直接擴大套用到記號的使用上，而不管對什麼屬性的認知，在判斷等級上都視為等價的話，那麼依這個假說來推測，黑猩猩勢必能夠使用第一級的記號。至於第二級和第三級的記號，也應該能夠使用。但是使用四種以上的屬性組合、用它來形容鉛筆這個標的物——也就是以四種以上的記號連鎖來表達物品——的情況，則應該不會出現。

如果只聚焦於鉛筆，也許黑猩猩還能做出更多節點的深入記述也說不定。但是如果我們要主張那是語言，就必須要黑猩猩能針對任何物品，都能做出相同等級的表達才行。因為文法在本質上，應該是一種可以呈現出無限多樣表達的結構，不受其形成要素的各個物品、顏色或數量所限制才對。

我猜測，黑猩猩大概沒有能力使用結構上超過第三級的記號或工具。而追根究底，所謂的等級究竟意味著什麼？「基於行為的文法所展開的認知功能等級理論」視為重點的主題，可以說是「關係」。有連結物與物的關係，有連結事象與事象的關係，也有連結物與事象的關係。而關係超過三個的事物，就不存在於黑猩猩的認知世界裡——這就是這個理論的主張。

歸納而言，如果我們用行為的文法來分析工具的使用情況，會發現其中具有階層結構，而我們能用節點的數量，來表示那個階層結構的複雜度。而如果我們同樣用行為的文法來分析那個被稱為類人猿語言的東西，會發現那其中同樣具有階層性，具有能用節點的數量來標記的語法結構。而那個能用節點數量來測度的等級，在兩者之間呈現一致的狀態，無論是使用工具的階層性或是使用記號的階層性，都能用節點的數量（也就是等級）來表達。我們已經知道黑猩猩具有能夠認知到第三級階層結構的能力，但如果是人類的認知能力，則還具備有更往上到第四級、第五級、第六級等愈來愈複雜的階層性。黑猩猩與人類的認知世界，存在有如此的基本差異。這就是我的主張。

認知遞歸結構

事實上，提到等級，其實還有一種完全異於前述說明的等級，那就是自我嵌入式結構的等級——換個說法，就是遞歸結構。

「關於語彙的語彙」就是一個具體的例子。記述語言的語言。比方說，語彙裡有些是形容詞，有些是名詞。形容詞、名詞就是關於語彙的語彙。

即使黑猩猩或大猩猩記住了大量的語彙，在他們的語彙裡，有幾種很明顯不存在的語彙。其中之一，就是具有遞歸性的語彙。到目前為止都還沒有任何研究結果，主張他們學會了「形容詞」這種語彙。

關於語彙的語彙、關於溝通的溝通、用來製作工具的工具……這樣的東西，不存在於黑猩猩的認知世界裡。用語上，我們用**後設**（Meta）這個字首，來表示像這一類處於遞歸結構、等級更深一層的事物。像是後設語言，指的就是關於語言的語言。後設溝通，指的就是關於溝通的溝通。以這個角度而言，大猿的語言學習與工具使用，不只是在階層性（節點的數目）上有所限制，也不存在遞歸性的認知。

但遞歸性的認知——換句話說，也就是後設等級的認知——則是人類固有的認知能力。

而這個事實，則延伸到「理解他人之心」的這個**社會性認知發展**（Cognitive Development）上。黑猩猩並不具備有——至少，沒有明確的證據證明他們有——理解他者之心的心智。他們沒有具備循環性階層結構的認知，沒有冠上「後設」字首這種等級的認知。

要證明他們「不具有」後設等級的認知，原理上不可能，所以，也許說不定有。但是要怎麼證明，目前還沒有想出辦法。人類由於具備了表現出後設等級認知的語言行為，所以可以說確實是「有」。

理解他人之心的心理

調查後設等級認知的其中一種實驗，叫做**錯誤信念測驗**（False Belief Task），方法是把如下般的場景秀給受試者看。代表性的場景有非常多種，以下這是平田聰先生設計出來的「野餐篇」：

登場人物有一位男孩跟一位女孩。

女孩打算出去野餐，所以把一瓶果汁放在野餐籃裡，提著走進廚房裡來。她想帶著冰冰涼涼的果汁出去，所以把果汁冰進冰箱裡，把野餐籃放在旁邊，就走出廚房了。

不久，男孩走進廚房來。也許是想吃東西，打開冰箱看看裡面有什麼。「喔，有好像很好喝的果汁！」果汁這時候正冰得透心涼，他正想喝時，才發現沒有杯子。於是他走出廚房，出去找杯子。

女孩又走進廚房來。「啊，果汁已經冰好了！」於是把果汁拿出來放進野餐籃裡。「那就準備出發吧！」然後走出廚房，去自己的房間換衣服。

這時候，男孩拿著杯子回到廚房來了。請問，男孩子會往哪邊去拿果汁？是去開冰箱，還是去野餐籃那邊？

如果讓受試者看完前述場面後，問他們：「男孩子會往哪邊去？」到三歲以前的人類小孩，都會回答：「去野餐籃那裡。」問他們為什麼，他們會回答：「因為果汁在野餐籃裡。」對三歲以前的小孩子而言，自己看到的東西，就是一切——因為女孩把果汁拿出來放進野餐籃裡，所以果汁在野餐籃裡，那就是理由。可是，等他們再長大一點到四、五歲之後，他們就會這麼回答。「拿著杯子的男孩會去冰箱那邊，因為那個男孩以為果汁還在冰箱裡。」

這個測驗的答案，會很明顯地分成三歲以下組，以及四至五歲以上組兩種。小孩子要成長到四、五歲以後，才能明確地分辨出在別人眼裡，會有一個與自己所見的世界不同的認知世界。

所謂「理解他人之心的心理」，如果用剛剛的用語說明，就是一種自我嵌入式的、遞歸式的結構。關於心智的心智，關於認知的認知。其難度非常高。

像這種後設等級的認知，對黑猩猩而言非常困難，對三歲以前的人類小孩而言，也非常困難（特此說明，這裡並非指三歲的人類兒童心智等同黑猩猩）。

「男孩子會往哪邊去？」在這個測驗裡，這個問題是用語言的方式提問。這樣的提問方式，無法運用在黑猩猩身上。有許多人以各種不同的方式，試著要以錯誤信念測驗來測驗黑猩猩，也有部分研究已經寫成論文發表。但到目前為止，還沒有一個決定性的成功例子。

一例反證式的科學研究

且讓我做個稍微偏離主題的說明。在科學的世界裡，要主張「有」，只要能提出一個反證例子就可以。只要找到一個「有」的證據——而且只需要一個——就能當做證明。其實回過頭來想想，「小愛計畫」（Ai Project，於第六章詳述）這個研究計畫長期以來的邏輯結構，全都是採用一例反證式的反證法。

小愛計畫的最初一篇論文，刊登在一九八五年的《自然》（*Nature*）學報上，題目是〈一位黑猩猩對數字的運用〉（*Use of numbers by* ***a*** *chimpanzee*）。這篇論文並沒有主張每位黑猩猩都會使用數字，而是一篇「**一**位黑猩猩能使用阿拉伯數字，來表達數目」的報告。對科學而言，這樣已經很足夠了。因為一例反證式的證明方式，是科學界公認的正確論證方法。

直到一九八五年以前，都沒有人認為，會有人類以外的動物能使用數字去表達數目的概念。「除了人類以外，所有的動物都不會」才是當時正確的常識。在這種情況下，只要有人類以外的任何動物能辦得到，即便只有一個例子，都能成為「可以」的證明。只要有這麼一個例子，就能成為科學事實，因為那就已經足以證明「並不是所有的」動物都辦不到。

我的研究，直到現在，可以說是一直用著一例反證的邏輯，把「有一位叫做小愛的黑猩猩，她會這個，會那個，還會那個」這件事，呈現在世人面前，以證明「人類在所有的各種認知領域裡，都凌駕了其他動物」這個常識是錯誤的。

如果我是使用小白鼠或實驗鼠來做實驗，就能提出相當確實的證據，能夠說出「沒有」來。但像是黑猩猩這種個體數有限的研究，要證明「他們不會這個」或「沒有」，極為困難。

所以，我反過來，證明他們「可以」。但是，為了要表示他們「可以」，如何把那件事情（比方說，後設等級的認知）轉化為現實上可操作的具體課題，極為困難。困難到只要能想出那個解決方法，就相當於已經幾乎做完那個研究了。到底要拿什麼具體的課題給他們做，才能引出事實來？一路以來，我一直是思考著這個問題，與黑猩猩一起相處至今。

為什麼為了研究黑猩猩的心智，非得跑到非洲去不可呢？那是因為在他們的野外自然生活之中，就隱藏著「如何把問題意識轉為現實的具體課題，在實驗室中進行證明」的線索。為了找到「應該用什麼來進行一例反證」的那個頭緒，我就這樣持續觀察著野生黑猩猩每天的生活。

靈長類考古學

請各位重新翻回第一章，仔細看看【圖1】「人類的親緣關係樹」那張圖。各位可以看到，黑猩猩屬底下有兩個物種：黑猩猩再加上波諾波猿（譯注：bonobo，日文「侏儒黑猩猩」）；而這一屬動物，與人類在約五百萬年前有共同祖先。我們以黑猩猩和波諾波猿為對象，進行了許多比較認知科學的研究。

那麼，針對工具的使用去進行比較認知科學的研究，其意義到底在哪裡？讓我舉個實例，說明比較認知科學實際上對解讀人類心智的歷史，有什麼幫助。

讓我先從分類的話題講起。很多人認為南方猿人屬與人屬之間的差異，是在於形態。但其實這個觀念並不正確。

既然人類的定義是「能夠直立、以雙足步行的猿」，那麼無論是南方猿人屬或是人屬，基本上都算是直立、雙足步行的動物。我們從枕骨大孔的位置，就能判斷動物是直立行走或是四足著地行走。以這個角度而言，南方猿人屬也是不折不扣的人類。

那麼，是否能用腦容量來判斷？一般而言，人屬的腦容量的確大於南方猿人屬。但是被認為是一種直立人的弗洛勒斯人，腦容量反而變小了，所以並不能以腦容量來做判斷。

事實上，我們是把「懂得製作石器的人」分類為人屬。石器跟人屬動物的化石一起出土，也就是說，所謂的人屬，指的是會製作石器的人們。可是，雖然挖出了石器，不過沒有人知道當時的人究竟如何使用石器。

但是，非洲的黑猩猩，只有我們長期觀察的幾內亞黑猩猩會使用石器。既然如此，二〇〇八年時我就想到，把人屬動物過去使用的石器拿來給他們用用看，應該能有些什麼有趣的發現。這就是叫做「靈長類考古學」的新學術領域。我的研究夥伴，是當時正在劍橋大學唸研究所的蘇沙娜．卡瓦略小姐。

首先，我們一起到東非肯亞，探訪以人類化石發掘調查地點而全球知名的庫比佛拉（Koobi Fora）。庫比佛拉位於肯亞的圖爾卡納湖（Lake Turkana）東岸，是巧人化石的出土地點。那裡的氣溫非常酷熱，白天會高達五十度左右。

我們到那裡時，古人類學者正好在發掘足跡化石。巧人到底是不是屬於南方猿人屬的一種，學界似乎仍有不同意見，但總之從二百萬年前的地層裡，挖出了人類的足跡（詳見【圖38】）。照片裡的人腳是我的腳。各位可以看到，大小大概差不多。

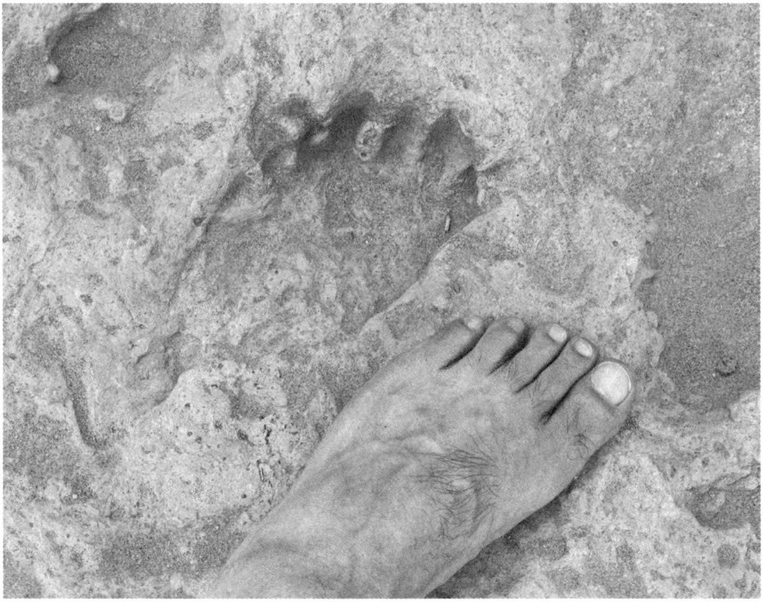

【圖38】發掘於肯亞庫比佛拉的200萬年前人類足跡，以及作者的腳的比較（松澤哲郎攝）

古人類學者們用測定光反射的裝置，測量從那個裝置到探查面的距離，用不同顏色標示不同的深度後，立刻就清楚呈現出了腳的形狀。首先，腳底的長度和現代人幾乎完全相同，從這裡我們可以推測他們的身高可能和我們差不多。然後，也明顯地看得到足弓。由於腳底存在足弓，我們可以知道他們是經常性地直立步行。

話說，基於與美國羅格斯大學（Rutgers, The State University of New Jersey）古人類學者傑克・哈里斯（Jack Harris）團隊的共同研究，我們把肯亞的石頭帶回幾內亞共和國（詳見【圖39】）。也就是說，我們把巧人（其拉丁文學名意指「會製作工具的人」）可能用過的原料（石頭）帶到博蘇，然後試著拿給黑猩猩，看看會怎麼樣。結果，黑猩猩毫不猶豫地拿來使用。

【圖39】從肯亞拿到博蘇村的石頭（松澤哲郎攝）

以往所謂的考古學，是一門調查過去遺跡的學問。而這門新學門——靈長類考古學，則是在研究過去的工具現在是如何被使用。另外，以往的考古學是針對人類的遺跡去進行調查，靈長類考古學則不是調查人類，而是人類以外的靈長類。

因此，我宣告靈長類考古學這樣的一門學問是能夠成立的。

若說到這麼做實際上可以獲得什麼，那就是我們可以透過黑猩猩，去檢驗這些石器如何被使用。我們無法重現巧人如何使用石器。但是如果是黑猩猩，就能重現黑猩猩如何使用那些石器。從那些重現的行為裡，也許我們就能有「喔！原來也可以拿來這樣用！」的發現。

且讓我舉個具體的例子。

在做「把從肯亞帶回來的石頭拿給博蘇的黑猩猩」這個實驗時，發生了非常有趣的事。有一位十歲大的少年黑猩猩傑傑（Jeje）拿著那個石頭，敲著油棕櫚那堅硬的種子。那時，正好榔頭石用的是產自肯亞的堅硬玄武岩，而底座石則是產於博蘇、硬度較低的鐵礬土質岩石。

一直不斷敲著油棕櫚種子後，底座石正中央開始出現裂痕；再用力一敲，底座石就直接從中間裂成兩半。少年黑猩猩湊近觀看裂成兩半的部分，一整個就是「咦？怎麼裂開了？到底發生了什麼事？」的感覺，傻在那邊不知如何是好（詳見【圖40】）。

【圖40】湊近觀看裂掉的石頭（上），傻住不知如何是好（下）（松澤哲郎攝）

在這之前，我們也曾經觀察過因為敲擊力量太大，導致底座石破裂的例子。在我進行調查的某一年裡，就發生過七次。而非常有意思的事情是，裂成兩半的石頭，那半邊會在下次敲油棕櫚種子時，被拿來當做榔頭石。

底座石裂成兩半後，就那樣放著不管它，下次就被拿來當做榔頭石使用。我們也曾經在黑猩猩離開後，把所有石頭的放置處全都做一次改變，但即使是這樣，也還是觀察到裂成兩半的石頭被拿來當榔頭石用的情形。但是，並非一定是敲裂底座石的那位黑猩猩把自己敲裂的石頭又拿來當榔頭石用，而是可能由其他黑猩猩這樣用。

像這樣「把敲裂的石頭再拿來使用」這件事，依定義而言，不就是「製作石器」嗎？用石頭敲擊以改變石頭的形狀，然後把那塊石頭拿來做別的用途的運用……這要硬說是石器的製作，也並非不可。在此，讓我們再繼續深入思考「用石頭敲石頭，結果石頭裂開了」這件事的含義。

前面已經提到過，南方猿人屬與人屬的重大差異，在於製作石器（或者是否有製作過石器的痕跡）。那麼，人屬動物是為什麼製作石器？是經過什麼樣的過程，讓他們開始製作石器？

南方猿人阿法種的大腦與黑猩猩的大腦，容量差不多都是四百毫升左右。巧人則有八百毫升左右。如果用目前現行的教科書口吻解釋，就會變成「因為巧人的腦容量『大幅地』倍增，所以才製作出了石器」。

但是，這並沒有真正回答到這個問題。我想提出的問題是：「為什麼腦容量變兩倍，就會做石器了？」到目前為止，並沒有太多人對這一點感到疑問。

可是，「靈長類考古學」這門新學問，就能回答這個問題。因為透過把巧人可能使用過的石頭給黑猩猩這件事，讓我們瞭解了石頭的使用方法。人類究竟是怎麼開始製作石器的？

我們的答案就是——那是偶然之間的發現。

油棕櫚種子是重要的食物來源。要用石頭才能敲破堅硬的種子。底座石碰巧裂開了。對這場意外，看著裂成兩半的石頭傻在那邊，不知如何是好。「啊！這個拿來當榔頭石用，不是正好嗎？」看了一陣子之後，有了這樣的發現，所以把它拿來當做榔頭石使用——這就是開啟了石器製作這條路的第一步。

如果，這位傻在那邊的少年黑猩猩又不斷地敲裂石頭，那我們等於是發現黑猩猩在製作石器。但像這樣的情況，到目前為止都還沒被觀察到。我想，要不是黑猩猩的智慧還未能到達那個地步，就是我們還未能有幸親眼見到黑猩猩的智慧朝向製作石器發展的那個過程。

第六章

教育與學習

——人類會教導與認可

到目前為止，我為各位介紹的主要都是野生黑猩猩的故事。接下來，我想談談在日本的京都大學靈長類研究所裡，以飼育環境下的黑猩猩為研究對象的故事。主題是「小愛計畫」——一個比較人類與黑猩猩認知功能的研究計畫。這個計畫的名稱，取自於那位已經在序章裡跟各位介紹過我跟她的邂逅的女性黑猩猩，也就是我在這個計畫裡的研究夥伴的名字。

大猿的語言習得研究

以調查黑猩猩認知功能的研究而言，在此之前，原本就已經有大猿的語言習得研究在進行。

做為語言習得研究的前置階段，德國心理學家科勒（Wolfgang Köhler）於二十世紀初出版《類人猿的智慧實驗》（*Intelligenzprüfungen an Menschenaffen*）。科勒發現黑猩猩會把兩支棍子接起來以延長棍子的長度，去搆到位於一支棍子搆不著的地方的香蕉；也會把箱子推到香蕉下方，踩到箱子上用棍子搆吊在天花板高處的香蕉。

在一九六〇到一九八〇年代這段時間，以科勒的研究為基礎，科學界開始從事教導黑猩猩學習語言的研究。最早的一個具體成功案例，是教黑猩猩學手語。在那之前，也有人嘗試教他們說話，但效果不佳。嘗試手語之後，效果就不錯。

研究的重點，在於「雙向溝通」。當黑猩猩比出「打開」的手勢後，人類就把門打開。當人類比出「打開」的手勢後，黑猩猩就會把皮包的蓋子打開。諸如此類。

「我家的小狗很聰明，聽得懂人話。把球丟出去，命令他：『去撿回來！』他就會去咬回來。」我們常聽到有人這麼說。但是，狗不會對人類說：「去撿回來！」也就是，這並不是雙向溝通。

黑猩猩手語研究的劃時代之處，在於黑猩猩與人類，能透過手語這個媒介，進行雙向交流。

由於黑猩猩學會了手語溝通，所以也開始有人對大猩猩做同樣的實驗，也有人對紅毛猩猩做同樣的實驗。然後，有人用塑料片取代手語符號，繼續進行研究。

小愛計畫，是這一連串大猿語言學習研究中，最晚出現的一個計畫。全世界漸漸知道，有一位名叫小愛的黑猩猩，以電腦為媒介，學會了圖形文字、漢字與阿拉伯數字。

當初想到要在靈長類研究所推動大猿語言學習研究的開創者，並不是我。一九七六年底時，我二十六歲，以研究助理身分進入靈長類研究所工作。當時，究竟要研究些什麼，如何研究，我都還搞不清楚。我的老師室伏靖子副教授（當時）認為日本也應該進行大猿的語言習得研究，於是在一九七七年，將黑猩猩帶到研究所裡。那位正好就是當時才一歲，名為小愛的黑猩猩。

以科學手法面對哲學問題

在這裡，先讓我簡單介紹一下我本身經過了哪些過程，才開始進行黑猩猩的研究。

我是在一九六九年進入大學就讀。那一年，也是東京大學因為學運紛爭而停止入學招考的一年。我原本就想唸哲學，所以投考京都大學，毫不猶豫地選擇了哲學系。京都大學是哲學的殿堂，其哲學研究的系譜，包括著作《善的研究》的西田幾多郎，以及田邊元、田中美知太郎等大師。但是在那大學學運紛爭的時代，沒有課可以上，由於一直耗著也不是辦法，所以我進了登山社，沒事就爬山。爬著爬著，做學問的動力就慢慢消失，一年裡頭約有四個月，都是在到處爬山。

說得更正確一點，我並不是一進文學院，就馬上進入哲學系。大一和大二時，大家修的都是文學院共通課程，到了三年級時，才會開始細分成哲學、史學或是文學等等。因為我一開始就想去唸哲學，所以選志願時我選了哲學系的哲學，也就是「純哲」。

當時的哲學系系主任，是寫下岩波新書《笛卡兒》的作者野田又夫教授。系上另外還有專研柏拉圖與蘇格拉底的藤澤令夫教授、研究黑格爾與海德格的辻村公一教授、研究中世紀經院哲學（Scholasticism）的山田晶教授等。

「以哲學系為志願的同學，請在升上大三前，學會德語、法語、希臘語以及拉丁語。」野田教授在選系說明會上這麼表示。的確，由於必須鑽研原文書，所以無論希臘語、拉丁語或是德語、法語，都必須要會。

但是，我並不想成為語言學家，也沒想要唸哲學原文書。對一個沒事就爬山的人而言，所謂的書籍，不管上面寫的是什麼，都只不過是在白紙上用黑墨水印出來的符號而已。要一輩子研讀白紙上的黑字，對我來說，實在是無法忍受的事情。我不希望過著整天只是埋首書堆的生活。一年裡有一百二十天，我都是在山上度過。我嚮往的生活，是徜徉在大自然裡。

雖然不想當書蟲，但我希望能瞭解以哲學的角度而言，所謂的「看」「懂」「知道」等等，究竟是些什麼樣的事情。結果，在大學裡才第一次接觸到的心理學，深深地吸引了我。

正好在那個時候，美國貝爾實驗室（Bell Laboratories）的科學家尤雷斯（Bela Julesz）發現了**隨機點立體圖**（Random Dot Stereogram）這種東西。把乍看之下純粹只是由一大堆黑白雜點所構成的圖案，用某種設備把左眼視線和右眼視線聚合在一起後（習慣以後，直接用裸眼也能看得出來），就會被大腦認知為很明顯的三次元立體圖形。

心理學的領域裡，有多位優秀的教授在那邊，提出了相當根本的問題。

「為什麼要有兩個眼睛？為什麼不能只有一個？」

「為什麼兩個眼睛是呈左右排列，而不是上下排列？」

「水晶體是凸透鏡，所以外界的景象是以倒立的方式映在網膜上。那為什麼我們看起來會覺得它們是正的？」

心理學的教授們，丟出了這些問題。原以為是極為哲學的問題，事實上卻全部都能用經驗的、實證的科學去進行解釋。這一點讓我非常吃驚。

現今以攻讀心理學為目標的人，腦中所想的心理學，大概都是臨床心理學吧。為了想研究各種情結或是精神疾病等主題，而投入心理學的領域。但我的情況則不是這樣。我是在進入大學以後，接觸了實驗心理學——尤其是探索人類視覺的研究——瞭解到能以科學的手法，去面對哲學的問題。

所以，當我在大學三、四年級時，從事的便是人類視覺中的雙眼視覺的研究。在那兩年之間，我突然領悟到一件事。

人並不是用眼睛在看東西。用來認知這個世界的並不是眼睛，而是大腦。眼睛只不過是大腦的對外窗而已。

所以，我開始思考，必須進行的是大腦兩半球的研究，而不是兩眼的研究。

白老鼠的左右腦分工研究

當時我對大腦研究感到興趣的主題，是左右腦分工這個問題。那時，正好是斯佩里（Roger Wolcott Sperry，一九一三—一九九四）與葛詹尼加（Michael S. Gazzaniga）等美國科學家，剛開始發現大腦左半球與右半球具有不同功能的時期。因為這樣，讓我對研究左腦和右腦的運作有什麼不同感到非常有興趣。我覺得鎖定在那個研究主題很不錯。一九八一年，斯佩里獲頒諾貝爾生醫獎；由於我是在一九七〇年代前半就發覺他的研究的重要性，讓我覺得我的敏銳度也還算不差。

在京都大學文學院裡，無法以猴子進行研究。沒辦法，只好做白老鼠的腦部研究。我的指導老師是平野俊二副教授，而平野副教授的老師則是美國心理學者奧爾茲（James Olds）。奧爾茲是所有心理學教科書中一定會提到的，建立**顱內自我刺激**（Intracranial Self-stimulation）這個機制的人。他發現只要把電極植入下丘腦，就會刺激快樂中樞，白老鼠會一刻也不停地踩踏控制桿以刺激自己的快樂中樞，不管是一萬次或是兩萬次，廢寢忘食，一刻也不停。發現這件事的人，正是我老師的老師。

平野老師當時正從大阪市立大學轉任到京都大學擔任副教授，我是他的第一個學生。一個老師對一個學生。所以無論是大大小小任何事情，他全都教我做：製作測量腦部活動的銀球電極、用牙科用黏合劑固定電極、在頭骨上鑽孔讓腦硬膜露出並記錄腦波、把電極插入腦海馬迴施以電擊刺激、把測定完畢的腦處理過後取出、把腦固定後以顯微鏡用薄片切片機切出冰凍切片、用尼斯爾氏染色法染色……全部都一對一地傳授給我。

以白老鼠為對象的左右腦分工研究，有一個明確的優點——實驗是可逆的，能把實驗對象的腦恢復為原本健康的腦子。斯佩里等人所做的左右腦分工研究，會切斷胼胝體，再也無法恢復。相對而言，可逆的左右腦分工研究，只是在白老鼠腦部的表面放置鉀結晶而已。神經細胞是以鈉和鉀的離子變化進行電活動，只要把鉀結晶放在腦上，電活動就會受到抑制——也就是腦部活動會被暫時壓抑住。實驗完畢後，只要用生理食鹽水把它們沖掉，就能再恢復原狀。用在人類癲癇患者，或貓、猴子身上的胼胝體切斷手術是不可逆的，無法恢復原狀，但這個用在白老鼠上的方法可以。基於這個優點，我針對白老鼠的左右腦分工進行研究。那是在我唸研究所碩士班課程時的事。

在研究所的兩年半期間，我以白老鼠為對象，進行大腦的研究。總括那兩年半的成果，可說是「研究白老鼠的腦子，因此非常瞭解白老鼠的腦子；但即使研究白老鼠的腦子，還是幾乎完全不瞭解人類的腦子」。白老鼠的腦子稱為平腦，表面呈現光滑狀態，沒有皺褶。左右半球，沒發現有像人類大腦那樣的功能分工差異。

以和人類同樣的方法，研究黑猩猩眼中所見的世界

在大學部時，我研究人類的視覺。在研究所時，則是研究白老鼠的大腦和行為。就在過著這樣的研究生活時，京都大學靈長類研究所心理研究部門貼出了徵求助理的公告。猿、猴的心理學，這讓我覺得很新鮮。我把人類、視覺、大腦、行為這些自己所擁有的知識與技術，試著套用在猿、猴身上思考。

「猿、猴看到的世界是什麼樣子？我想透過行為與學習，對其進行檢驗。」在申請書裡，我這麼寫著。後來這條路，就一直延續到現在。仔細想想，一路走來，基本的東西什麼都沒有改變。我以二十六歲時想出的概念，一直研究到現在。

具體來說，我的構想是用相同的裝置與相同的方法，來比較人類和人類以外的靈長類。

那時，我認為自己累積在人類視覺研究領域的心理物理學測定方法，能運用在這上面。

當時盛行的大猿語言習得研究，主要是聚焦於「黑猩猩說了什麼？」「大猩猩理解了什麼？」等等的語言溝通。然後，也用這種語言角度的解釋方式，說明他們比手語或是選擇塑料片的行為。可是我總覺得這樣的做法，相當不科學。

我想到一種不同的切入角度。如果進行的是感覺、知覺、認知或記憶的研究，就能用同樣的裝置或是同樣的方法，以嚴密的科學方式，客觀地比較人類與黑猩猩。也就是，我以「使用相同的裝置、相同的心理物理學測定方法，對人類與黑猩猩進行感覺、知覺、認知與記憶的比較研究」為目標。

以這個角度而言，小愛計畫是個與過去的大猿語言學習完全不同的研究——提出的問題不同，檢驗的方式也不同。

在具體操作上，我是由「認識顏色」的檢驗開始做起。拿紅色的紙給小愛看，讓她去選「紅」這個字。反過來，秀出「紅」這個字給她看，讓她從好幾個不同顏色裡選出紅色。繼紅、綠、黃、藍後，接著是褐、桃、紫、橘、白、灰、黑，總共教會了小愛十一個色彩名稱。日本獼猴學不會這些東西，但黑猩猩可以。

因為透過一些基礎研究，我們已經知道黑猩猩能在某種程度上學會文字或語言，所以我教她這種顏色與文字的對應。對我而言，那個文字到底算不算是語言，我並不在意。要說那是語言也好，不說那是語言也罷，對我來說，文字只是用來客觀地引出「黑猩猩所看到的世界」的媒介而已。

唯一重要的事情，只有小愛「用文字回答她看到的顏色給我」這件事實。有一種叫做**孟賽爾標準色票**（Munsell Book of Color）的色卡，用精確的色相、明度與彩度，來區分各種顏色。我已經透過拿各種不同顏色的色票給小愛看的方式，證明了黑猩猩眼中所見的顏色世界，和人類的非常相似。

做為一位學會數字的黑猩猩，小愛被刊登在一九八五年的《自然》學報上。因為小愛是全世界第一位會用阿拉伯數字表達數字概念的黑猩猩，所以變得相當有名。除了從1到9的數字以外，連0這個數字的意義她都能理解。

小愛不是只會阿拉伯數字，還會使用圖形文字、漢字與英文字母。但是，我並不是要使用這些東西來跟她溝通，也不是要研究這些東西的語言功能。對我而言，我純粹視文字為一種媒體、媒介物；我是透過它們，研究黑猩猩如何識別顏色、如何識別形狀、如何擁有數字概念。

像這些可說是小愛計畫原型的研究成果，我留待第七章再向各位說明。另外，更詳細的

內容，我已經寫在一九九一年由東京大學出版會出版的《黑猩猩眼中所看到的世界》（チンパンジーから見た世界）。有興趣的讀者，強烈建議閱讀那一本書。

在這一連串研究之中，小愛於二〇〇〇年生下了兒子小步，開啟了小愛計畫的延伸——「認知發展計畫」。小愛所表現出來的黑猩猩的智慧，究竟是如何發展的？這是一個比較黑猩猩與人類心智發展的研究。

我想用同樣的裝置、同樣的方法，來比較研究人類與黑猩猩的感覺、知覺、認知與記憶。那麼，像這樣的心智功能發展過程，要用什麼樣的方式才能進行比較研究？這是當時遇到的第一個問題。

什麼是「相同的環境」？

在二十世紀的那將近一百年間，心理學者或是科學家們做了許多黑猩猩與人類的比較研究，而古典的比較研究邏輯，是像這個樣子：把比較對象養育在物理上相同的環境裡。養在同樣的環境下，有些特性的確會變得很相似，但某一方開始說話，另一方不會說話，所以語言的出現，不是因為環境，而是來自於天生的因素……。

物理環境相同，但行為相異。因此造成其中差異的原因，不是因為環境，而是由於天生的因素。他們的邏輯是這樣。

我也曾經有過機會，把黑猩猩寶寶和自己的孩子一起養育在我家裡。那位黑猩猩由於母親放棄撫養，我無計可施，只好養在我家（詳見【圖41】）。

一養之下，馬上瞭解到的是，像這樣的比較，非常不公平。為什麼？我的女兒有父有母，但小黑猩猩沒有。我們所看到的，是被迫帶離母親、丟進人類這個異種生物的環境裡，不管高不高興、喜不喜歡，都只

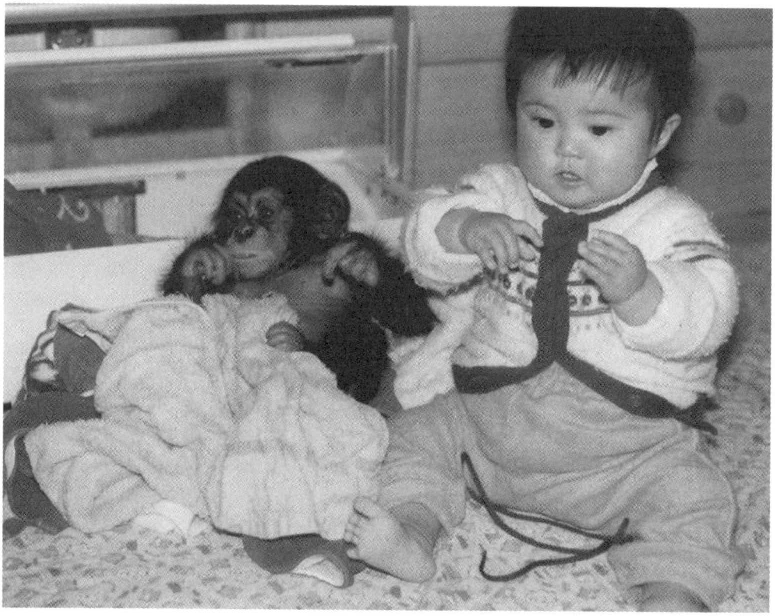

【圖41】養育在人類家庭裡的黑猩猩寶寶——潘（松澤哲郎攝）

能努力適應的黑猩猩寶寶。

這不是很過分嗎？這位黑猩猩寶寶在生存上所必須且極為重要的環境，其實是被剝奪了。沒有母親與同為黑猩猩的夥伴，在被剝奪了一切的情況下，被迫適應人類的世界。

被帶離母親的黑猩猩寶寶，會縮起身子，目光渙散（詳見【圖42】），簡直像是得了憂鬱症一樣。這時候如果人類的飼育員以代理母親身分進去的話，會發生什麼事呢？答案是，黑猩猩寶寶會拚命地緊抓住飼育者。黑猩猩寶寶，具有強烈的依戀母親的本性，所以會

【圖42】滿2歲的小步。要做定期健康檢查而被帶離母親，心裡覺得很不安（松澤哲郎攝）

把人類視為母親，緊緊地抓著——對黑猩猩寶寶而言，人類就是母親。

正因為這樣，只要那位代理母親的人類說出：「把手放到頭上，」他就會用手去敲頭。叫他：「去用吸塵器！」他就會去操作吸塵器。命令他：「和狗出去走走！」他連跟狗出去散步這件事都會做。只要瞭解黑猩猩擁有的智慧以及他們依戀母親的方式，就一點都不會覺得那樣的行為有什麼不可思議。

結束一天的工作後回到家，疲倦地往沙發上一坐。打開電視，看到節目裡的黑猩猩正在做些有趣的事情。人類看著這樣的節目，哈哈哈地大笑。

身為人類，這絕非是可取的行為。

黑猩猩不應該被拿來當做展示品或是賺錢的工具。一旦被帶離母親或夥伴獨自生活，黑猩猩連打招呼或是性行為的能力都會消失。

希望各位記得，出現在電視節目裡的黑猩猩，臉部呈現膚色。那是年幼黑猩猩的特徵。年幼黑猩猩的臉是皮膚色的，成年以後才會變成全黑的顏色。也就是說，出現在電視節目裡或廣告裡面的黑猩猩，全都是小孩子，是正處於原本必須跟母親膩在一塊兒的年紀的小孩子。但我們人類，用各式各樣的理由，把他們從母親身旁帶開，拆散他們。

有些是為了營利，硬是把小黑猩猩帶離母親。有些是獸醫隨便做出判斷，「真糟糕，這位黑猩猩媽媽放棄撫養小孩」，然後把小黑猩猩帶走。無論什麼樣的理由——即使黑猩猩母親死亡——也不應該把小黑猩猩帶離母親或夥伴們。他們有權利跟母親和夥伴們一起生活，人類沒有權利剝奪他們生存的基本權利。

黑猩猩是瀕臨絕種生物，數量正在急速減少。人類不應該把已經名列瀕危物種紅皮書（IUCN Red List）裡的瀕臨絕種生物拿來當做寵物，更遑論用來提供娛樂或是商業用途。

如果繼續延伸這個主張的觀點，那麼歐美心理學者所從事的「以母子分離為前提」的發展研究，也不應該被容許。我們不應當為了研究黑猩猩，而帶給他們不幸。就這樣，我不斷思考應該怎麼做，才能在一步步提升他們幸福的同時，對黑猩猩的心智發展進行研究調查。結果，那個答案，非常單純。

以參與觀察的方式研究認知發展

小黑猩猩，應該由母親負責養育。

小黑猩猩，必須與母親和夥伴一起生活。

到底什麼樣的研究方式，才能夠兼顧倫理上的正確性，以及科學上的允當性呢？不斷思索這個問題之後我所得到的結論，就是一種全新的研究方法——**參與觀察**。

答案非常地簡單、單純、明瞭、明快。

黑猩猩的小寶寶，應該交由他的母親養育。既然如此，那就來做在黑猩猩媽媽照顧下的黑猩猩寶寶的發展研究吧！

參與觀察，雖然是個像哥倫布雞蛋般（譯注：傳聞中，哥倫布面對質疑他發現新大陸其實沒什麼了不起的人，問誰能把雞蛋用尖的那一頭豎起來，沒有人辦得到。於是哥倫布就把蛋的尖頭往桌上輕輕敲碎，那稍微碎了一點的蛋就穩穩地立在桌上了。用來比喻事情非常簡單、誰都可以做得到，但在還沒有人這樣做之前，沒有人想到可以這麼做）什麼人都能輕而易舉做得到的事，但卻是個完全推翻至當時為止的常識的研究方法。其根源是「研究者與黑猩猩必須花漫長時間相處，建立親密關係」的這種日本型研究的原創概念。有點類似野外研究時讓動物**適應觀察者存在**（Habituation，又譯**習慣性適應**）的做法，逐漸縮短研究者與觀察對象間的距離，最後融為一體。我想，「參與觀察」這種概念的基礎，在於非基督教文化的人類觀，也就是不把人類視為超乎動物與自然之上，而是把人類、動物與自然視為本為一體、無法切割分離的日本文化傳統吧。

二〇〇〇年時，小愛生下了小步，開啟了認知發展的研究（詳見【圖43】）。而二

○○○年時結成的，不是只有我和小愛跟小步而已，還有友永雅己與克羅依和克蕾歐、田中正之與潘（Pan）和帕魯這三組「三人組」。其中兩組是計畫懷孕生產，另一組是非計畫懷孕的自然生產。

這裡的重點，在研究者與黑猩猩母子的「三人組」編制上。黑猩猩寶寶由黑猩猩媽媽負責養育。黑猩猩媽媽與研究者是好朋友。研究者透過長期間培養下來的交情，向黑猩猩媽媽拜託：「可以把妳的孩子借我一下嗎？讓我替他做個檢查？」這就是參與觀察的研究方式。

在參與觀察之下，我們會請黑猩猩媽媽和小黑猩猩一起進到學習教室裡

【圖43】出生後九小時的小步。那時，小步的臍帶跟胎盤和母親小愛仍然連在一起（松澤哲郎攝）

面，就像是平常測試人類小孩「你能不能像這樣子堆積木呢？」時，會請媽媽幫忙、在旁邊陪伴一樣。但由於我們還沒有辦法對黑猩猩媽媽下達「請教小孩子這樣做」的指令，所以我們讓黑猩猩媽媽在小黑猩猩面前堆積木給他看（拜託黑猩猩媽媽本身堆積木則沒有什麼問題）。

「能麻煩妳像這樣子堆積木嗎？」

用和面對人類小孩時同樣的方式，請黑猩猩媽媽操作一次之後，觀察小黑猩猩會有什麼樣的反應。

小黑猩猩在學習時段完畢後，就回到黑猩猩族群裡，那裡有維持著他們社會模式的生活等著他。不是只有母親，還有父親，有朋友夥伴，有著像這樣在社會組織中的生活。只有在調查認知發展之際才會請他們到學習教室裡面來。人類的小孩子也是受到這樣的待遇，所以是在完全相同的條件下進行比較。

古典的比較方法，自認為把環境控制在相同的情況，但實際上卻完全不是那樣。所以，我一直致力於希望在無論物理環境或是社會環境，都儘可能維持與原本相近的情況下，進行人類與黑猩猩的比較研究，直到現在。

在這個方式下所得到的研究成果，已經彙整於《人類認知與行為的靈長類起源》（暫譯，*Primate Origins of Human Cognition and Behavior*，Springer出版社，二〇〇一年）以及《黑猩猩的認知發展》（暫譯，*Cognitive Development in Chimpanzees*，Springer出版社，二〇〇六年）這兩本書中。

認知發展計畫的初期詳細成果，在前述專書，以及由友永雅己、田中正之、松澤哲郎編著的《黑猩猩的認知與行為之發展》（京都大學學術出版會出版，二〇〇三年），有詳細的紀錄。

靈長類研究所裡的黑猩猩們

無論是物理環境或社會環境，都儘可能維持得與原本相近，在那樣的情況下進行人類與黑猩猩的比較研究……這事情說起來簡單，但要能實現，需要投入大量的時間與勞力。認知發展計畫的基礎裡，存在的是「創造出生活在靈長類研究所這個地方的一群黑猩猩社群」的歷史。若沒有這番努力，就無法建立起他們的社會環境。

京都大學靈長類研究所裡，現在有一群三代共十四位黑猩猩生活在其中（詳見【圖44】）。和野生環境中生活的黑猩猩不同的是，我們能夠判定父子關係，所以這是一個知道

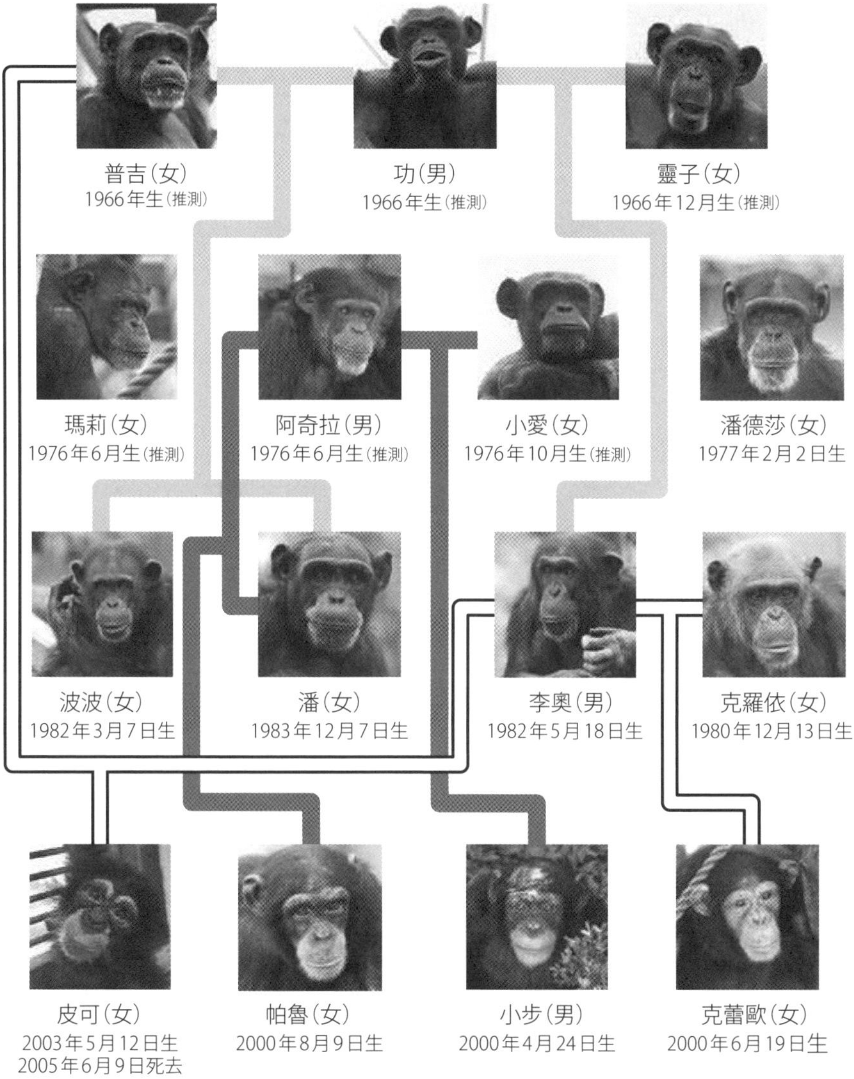

【圖44】靈長類研究所裡的黑猩猩家系圖（照片提供：靈長類研究所）

父親與母親是誰的三個世代。

靈長類研究所從創立次年的一九六八年起，就開始飼育黑猩猩，直到現在。一九七六年我進入研究所時，只有一位黑猩猩，名字叫Reiko，寫成漢字是「靈子」。名字好像有點恐怖，但這個靈字，是京都大學「靈長類研究所」的靈，也是「靈魂」的靈。

我進入靈長類研究所的隔年，小愛也來到研究所，黑猩猩增加為兩位。再隔一年，阿奇拉（Akira）和瑪莉（Mari）也進來。這樣一路增加，到現在，小愛終於也到了中年了。雖然已經過了四十年，但這個社群仍距離像大自然中的族群那般（族群中包括各種年齡層）還很遠（詳見【圖45】，建議與第二章的【圖9】相對比較）。讓人再一次深切體認到，做這樣的研究，還需要更為漫長的歲月。

研究所裡建有高塔，塔與塔之間則拉了許多繩子

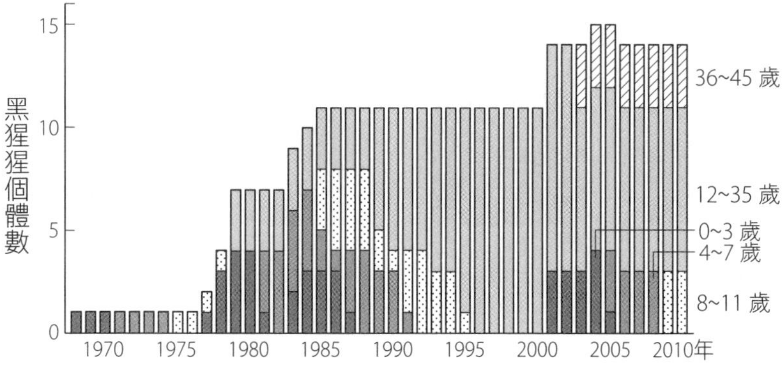

【圖45】靈長類研究所裡的黑猩猩總個體數變化圖（每年一月一日的數量）

（詳見【圖46】和【圖47】）。之所以設計成這樣，是希望讓黑猩猩儘可能生活在接近非洲森林裡的環境，讓生活在這種環境裡的黑猩猩去進行學習。一九九五年時，靈長類研究所開創先河地建立了像這樣的高塔。而到了現在（譯注：本書日文版出版於二〇一一年），你已經能在日本國內十四個單位裡，看到像這樣的高塔。

大猩猩、黑猩猩、紅毛猩猩這三屬人類以外的人科動物，全都過著樹上生活，喜歡待在樹上。其實大猩猩也會爬樹。尤其是常在動物園裡見到的西部低地大猩猩，如果生活在野地裡，更是以非常強烈的樹上生活習性而知名。

靈長類研究所用獨自的巧思，著手推動重視功能的環境整備，於一九九五年創設「三塔設施」。乍看之下彷彿建築工地的鷹架，但卻是個組合了木材和鐵柱，讓黑猩猩的空間利用能儘可能往高處發展的設施。

以往的動物園為了讓動物能配合參觀者的視線高度，讓參觀者觀看時較輕鬆，所以一般都是採用平面式的設計。但是到了現在，像是東京都多摩動物公園或是札幌市圓山動物園的黑猩猩飼育區、旭川市旭山動物園或多摩動物公園的紅毛猩猩飼育區等等，主要的動物園都已經開始建立像靈長類研究所這樣的高塔。二〇〇九年時，英國的愛丁堡動物園也建立了同樣的設施。二〇一〇年時，韓國首爾動物園的黑猩猩運動場裡，也建立起像這樣的高塔。像

【圖46】靈長類研究所裡的高塔與實驗室（松澤哲郎攝）

【圖47】在塔與塔之間的繩子上移動的黑猩猩（落合知美攝）

這樣，這種外觀上雖然看起來一點都不像非洲的森林，但以功能性而言，卻能讓他們自由使用三度空間的設施，已經在逐漸增加。

重視功能的展示概念，正好與「製造出讓參觀者錯覺動物好像生活在一片綠地裡」的**地景沉浸式展示法**（Landscape Immersion）一百八十度相反。有些動物園等設施標榜著其展示方式是「重現原始生態環境」，但實際上，動物的生態環境並沒有辦法以人工方式重現。黑猩猩原本生活在廣達數十平方公里的廣闊森林裡。稍微大一點的動物園，就算黑猩猩籠舍有一千平方公尺好了，也不過是自然環境的萬分之一罷了。既然如此，那麼如何儘可能地把既存空間做最寬廣的運用，是首要之務。只有如此，才能引出他們原本會有的行為，以更豐富他們感受的方式進行展示。

研究所裡不是只有高塔，還在黑猩猩生活的運動場中間建了一個八角形的實驗室（詳見【圖46】）。要進入實驗室，是從地下通道進去。這個設計理念與一般的實驗室完全相反，是設計成實驗者與實驗裝置被關在實驗室裡面，而黑猩猩自由地在實驗室外面活動的情況。我們就是在這樣的場所，進行飼育下的戶外實驗，以及對黑猩猩母子的參與觀察等研究。

堆積木的發展

我用「參與觀察」這種研究方法，在完全相同的條件下，比較了人類小孩與黑猩猩寶寶的認知發展。做為具體例子，讓我為各位介紹在這種方法下對人類小孩與黑猩猩寶寶所做的堆積木發展的比較。這是我與林美里小姐的共同研究。這個研究能讓我們瞭解到什麼呢？

小黑猩猩，也能把積木堆得很高。【圖48】是一位兩歲七個月大的小黑猩猩，把每邊長五公分大小的積木往上疊了十二個。紀錄上則有疊到十三個的紀錄。

以人類而言，人類大概在一歲後半起就開始能把積木疊高。黑猩猩在其他事情方面，發展速度大概都跟人類小孩相同，但堆積木這件事卻發展得很慢，不到將近三歲，不會自發性地去堆積木。而且研究所裡的三位小黑猩猩，只有一位

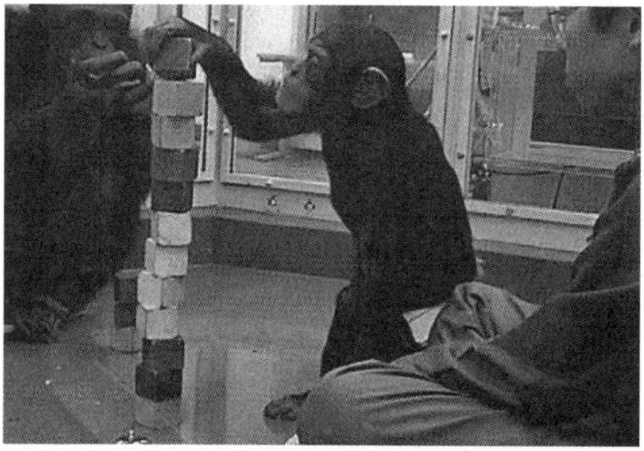

【圖48】堆積木（翻攝自靈長類研究所提供之錄影帶畫面）

會去堆。另外兩位雖然也會自己玩積木，但即使媽媽在旁邊堆給他看，他還是不會自發性地去模仿。

造成這種現象的理由，仍不清楚。我在想，不曉得有沒有可能是因為黑猩猩在非洲的大自然生活之中，並不存在相當於積木這種「把東西放在水平面上垂直往上疊」的東西之故？

黑猩猩不是只會把積木往上疊，他們也會把積木橫排——橫向把積木排列起來。但很有意思的事情是，黑猩猩沒辦法做出像是「拿三個積木橫排，然後把第四個放在上面」這種事。我們曾經在模仿的測驗裡，做過「請做出跟示範者相同的事情」這個課題，結果發現黑猩猩對於一次元的橫排或是直疊模仿完全沒有問題，但沒辦法做出二度空間的模仿。

採用積木對人類進行的認知發展檢查裡，有一種叫做**K式發展檢查**的檢查方法（因為是在京都〔Kyoto〕開發出來的方法，故有此名），那裡面有一種最簡單的二度空間模仿課題——共有三塊積木，先擺好一個，然後隔一點空隙在旁邊擺好第二個，最後再把第三個積木像架橫梁似地跨在前兩個上頭，形成好像一個門的樣子。

這個課題，如果是成年人類，馬上就能夠完成。但人類小孩到三歲以前，都有點困難。滿三歲以後就沒有問題。而黑猩猩又是如何呢？黑猩猩即使已經成年，還是無論如何都沒辦法堆出這個形狀。黑猩猩只能一直往同一個方向堆。一直往上堆難不倒他們，一直往橫向排列也沒有問題，但是，如果必須同時處理縱向和橫向，對黑猩猩而言似乎就是一件相當困難的任務。他們雖然能把注意力集中在一度空間，但難以把注意力集中在二度空間的配置上。這就是我們透過堆積木這個動作，所瞭解到的黑猩猩智能限制。

由於黑猩猩媽媽受到這種先天上的限制，所以並不是我們請她們怎麼堆積木，她們就能夠怎麼堆積木。她們只能把積木往上疊，或是往橫向排列，但總之我們就請她們這麼做。無論是小愛或是克羅依或是潘，三位黑猩猩媽媽們都會堆積木。當我們請黑猩猩媽媽堆積木時，也把積木遞給小黑猩猩。如果是人類的小孩遇到這種狀況，就會自發性地跟著媽媽一起堆，但小黑猩猩則不會。不管怎麼跟母親玩堆積木的遊戲，小黑猩猩會去參與的部分，了不起就是把積木堆倒而已。推倒以後小黑猩猩就會自己把積木拿走，拿到角落去，自己在那邊玩。

做像這樣的發展檢查，還會有其他有趣的發現。

其中之一，是雖然我們在教他們堆積木時，並沒有仔細到去教他們應該怎麼堆，但他們會自發性地把角對整齊。像這樣的調整行為，並無法單純用**學習理論**（Learning Theory）來解釋。我們明明沒有教他們必須這麼做，但是黑猩猩自己可能有著一種自律性的目標。

另外還有一個情況，也同樣無法用單純的學習理論圓滿解釋。

在這種檢查裡，我們是把「每次堆積木堆到倒下來為止」定義為一次試驗的結束。每一次結束，都會拿一片蘋果給接受測驗的黑猩猩當獎勵。之所以給獎勵，是為了讓他們願意配合一直做同樣的試驗。依照定義，堆高的積木一倒，這次的試驗就結束，就會拿蘋果片給黑猩猩。然後，發出「喀喇喀喇喀喇」的聲音把積木弄混後，再重新交給黑猩猩，「好，麻煩再堆一次。」或是把積木逐一遞給黑猩猩，慫恿他：「請把它們堆起來。」

如果依照單純的學習理論，早點讓積木倒下來比較有利，因為可以獲得獎賞。對自己最有利的方式，是隨便堆一堆讓它倒下來，或是在堆到第二個或第三個的地方把它推倒。可是，黑猩猩們絕對不會這樣做。他們會努力想儘量把積木堆得愈高愈好。然後，在「再堆一個上去大概就要倒了」的時點，停住收手不再往上堆。

因此我們可以瞭解到，在這個堆積木的行為裡，明顯地存在著對「堆高」這件事本身的強化力——即使有獎賞，他們也不喜歡積木倒下來。

不教導的教育——從仿效中學習

如果我們用一句話來形容黑猩猩的教育與學習方式，那會是「**不教導的教育、從仿效中學習**」。這樣的關係，跟師父和徒弟之間的關係很像，也就是師徒教育或徒弟教育。小黑猩猩會仔細觀察成年黑猩猩的樣子，然後學起來。

在博蘇的野外實驗場觀察，就會看到小黑猩猩們湊在旁邊仔細看成年黑猩猩怎麼使用石器的情景（詳見【圖49】）。發出「啪啦啪啦啪啦」的聲音，成年黑猩猩平均每三十秒能敲破一顆種子，速度快的二十秒就能敲破一顆。小黑猩猩就黏在旁邊看。即使小黑猩猩湊到旁邊來看，成年黑猩猩也不會表現出「別礙手礙腳，到旁邊去！」的態度趕他們走，而是會讓他們盡情看個過癮。成年黑猩猩對小黑猩猩非常寬容。而且，不會特別去教他們敲開種子的方法。

【圖49】湊在旁邊仔細觀察成年黑猩猩如何使用石器的小黑猩猩（松澤哲郎攝）

同樣的情況，也一樣發生在實驗室裡。從出生開始的第一年，小步都一直在觀察小愛上課時的樣子，那樣的畫面讓人非常印象深刻。他可以伸手去碰媽媽，可是他不會這麼做。不會去碰媽媽，只是一直靜靜地看著。

從這樣的觀察裡，我們能看到黑猩猩教育與學習模式的三個特徵：

第一，**黑猩猩媽媽或其他成年黑猩猩，是以「親自示範」的方式讓黑猩猩孩子學習**。反過來說，他們不會對小黑猩猩下達「去這樣做，或是去那樣做」的指示，純粹只是做給他們看。

第二，是**黑猩猩孩子會主動模仿**。黑猩猩孩子並沒有什麼特別的理由必須去模仿，但他們就是會模仿。其實在日文裡，**模仿**（Maneru）這個字，似乎正是**學習**（由Manebu再變成Manabu）這個字的語源。

第三，是**成年黑猩猩對孩子很寬容**。當黑猩猩孩子在旁邊看時，絕不會嫌他們礙手礙腳、趕他們到旁邊去。

小黑猩猩不只是會觀察而已，也會自己試著亂做一通做做看。那並不是我們所謂的**試誤學習**（trial and error，以實驗修正誤差的方式學習），而該說是**不斷嘗試**（trial and trial），總之就是不斷地亂試。比方說，像這個樣子：

小黑猩猩把紅色的果實啣在嘴裡。把果實放在石頭上。咬咬看紅色的果實。把果實丟在地上。用手敲打。然後換撿起種子。把種子放在石頭上。另一隻手也拿著一顆種子，也放在石頭上。這樣一來石頭上就擺著兩顆種子。用另外一塊榔頭石敲擊。種子掉下去。雖然用石頭敲擊，可是打擊角度沒抓好。抱起榔頭石把榔頭石丟下去。敲打底座石、用腳踩底座石。用手敲石頭，可是石頭上沒放種子。把種子放上去。又放第二顆種子上去。把石頭舉起來看看。石頭往背後掉下去。

小黑猩猩會一直做著像這一類的白工。像這樣結合種子與石頭的不斷嘗試，小黑猩猩會在兩歲到三歲之間一直胡亂嘗試。

另外，一歲到兩歲左右的年幼黑猩猩，也會做出「拿走母親正在吃的食物」這種事情來。黑猩猩媽媽因為對小黑猩猩很寬容，會任由他拿走。母親把種子敲開後，小黑猩猩就把裡面的核仁拿走。沒辦法，母親只好再敲。小黑猩猩又來拿走……我曾經看過小黑猩猩連續七次拿走核仁的狀況。黑猩猩媽媽對小黑猩猩，真的是非常非常地寬容。

如果依據單純的學習理論，那麼小黑猩猩應該會加強拿走核仁的行為才對，因為有報酬讓這個行為被強化。但是實際上，從母親敲開的種子裡拿走核仁的行為，以一歲半左右為分界，之後就會快速減少。接下來，把種子放在石頭上用手去敲，或是明明沒放種子卻用石頭去敲石頭等各種行為，開始快速增加。

最終來說，快的話大概三歲，一般大概四到五歲時，就會「啪啦」地成功敲破第一個種子。重點是，一直到第一次成功敲破種子時為止，這個「敲種子」的行為完全沒有獲得任何足以強化它的報酬——沒有食物報酬對它進行直接的強化。

雖然如此，但這個行為還是不斷增加。唯一的解釋，就是那裡面存在著食物以外的動機。那麼，那個動機究竟是什麼？我認為，恐怕是「想要跟媽媽或成年黑猩猩做一樣的事情」吧。小黑猩猩因為具有「想要跟母親或成年黑猩猩做一樣的事情」這個強烈的本源性自發動機，所以才會一直嘗試，無論如何都想要自己用石頭敲開種子。

我把黑猩猩像這樣的教育與學習模式，稱為「**不教導的教育、從仿效中學習**」。黑猩猩式的教育，同樣也是與他們擁有共同祖先的人類教育的基礎。不是以用嘴巴說明的方式去教，也不是以仔仔細細的方式指導，而是做出足以當做模範的行為給他們看。後生晚輩們，則是望著長輩的背影學習。

教導與認可的教育

瞭解黑猩猩式的教育後，我們也就能清楚地看出人類教育的特徵。

首先，就是**教導**。黑猩猩不會去「教導」小黑猩猩。

但在教導之前，人類會**動手指導**，這是第二個特徵。如果是人類，會稍微拿起對方的手，指示他：「要像這樣子敲」，或是：「這種子放得不對」「這顆石頭會比較好用」等等，甚至會更進一步，修正對方手的位置，或是用指的方式告訴他正確的位置等等。但黑猩猩不會做這種事。

更在那「動手指導」之前，還有第三個真的是人類才有的特徵，就是**認可**。說得具體一點，就是「點頭」「投以微笑」「稱讚」。黑猩猩媽媽不會做這些事，黑猩猩不會對小黑猩猩點頭。

更具體的意象，可以請各位想像一下，比方說，小孩子第一次去沙坑玩沙的情景。媽媽帶著小孩子和水桶、鏟子等工具，第一次去玩沙。二、三歲的小孩子第一次要踏進沙坑裡之前，幾乎一定會回頭看媽媽。媽媽則會對他們點頭，投以微笑。

小孩子用鏟子鏟起沙子，想鏟進水桶裡。如果順利地鏟進去，幾乎一定會再回頭看媽媽。媽媽會對他們點頭、微笑，說：「喔！好厲害好厲害！」並拍手稱讚。這就是人類。

人類教育的形態之一，就是這個「認可」。反過來說，人類的小孩子有很強烈的「希望獲得認可」的欲望，這是與黑猩猩非常大的不同。這讓我重新意識到，人類教育裡「認可」

這個行為的重要性。

黑猩猩與自閉症

如果做黑猩猩的研究，會常常發現黑猩猩與人類自閉症患者之間，有某種類似性。我要先說清楚，黑猩猩並沒有自閉症。反過來說，也不是指被診斷為自閉症的人像黑猩猩。只是如果我們把黑猩猩的行為，與**泛自閉症障礙**（Autism Spectrum）的人類所表現出來的症狀做一個對比，就能幫助我們更加理解黑猩猩的本性，讓我們更深入瞭解，「人，究竟是什麼？」。

黑猩猩在做堆積木測驗的過程中，不會「察言觀色」地去看觀察者的眼睛或臉色。與黑猩猩面對面的話，會感到他們與泛自閉症障礙者的人類所表現出來的症狀，有共通之處。

一般而言，自閉症或是泛自閉症障礙的診斷基準，被認為有三種症狀。第一，是對人的溝通障礙，不與人有視線接觸。第二，是語言發展的遲緩。第三，是會有**固著行為**（stereotype），對特定事物表現強烈的關心與集中力，不斷反覆做出那個行為。

這三項特徵，幾乎都與面對面進行測驗時黑猩猩的表現完全一致。

前面我曾經提到過，「黑猩猩會微笑，會相互凝視」。但這是與日本獼猴相較之下的情況。即使是黑猩猩，也不會像人類那麼頻繁地有視線接觸；甚至應該說，其實很不容易有視線接觸。語言發展，當然非常遲緩。如果不是相當徹底地教他們，他們不會學會可稱為語言的東西。然後，他們會集中注意力在一件事上，不斷重複做那件事。面對面測驗時的堆積木遊戲就是個很好的例子。除了積木以外，黑猩猩幾乎完全無心關注其他事情，拚命地、專注地只想把積木疊好。

然而，當我在觀察野生黑猩猩時，並不會覺得他們有任何反應跟泛自閉症障礙有所類似，他們也不會表現出任何讓觀察者覺得有異樣的刻板行為。所謂的刻板行為，指的是像動物園裡的熊會在柵欄前不斷走過來走過去般的固著行為。

罹患自閉症的兒童，也常出現不斷重複電視上新聞播報員播報內容般的**鸚鵡式仿說**（Echolalia）行為。而野生黑猩猩並不會有像動物園裡的熊那樣的刻板行為，或是像人類鸚鵡式仿說的那種行為。

我想，我們之所以不會覺得有異樣的其中一個原因，在於當我們在觀察野生黑猩猩時，是把自己的存在當成空氣般存在，在那樣子的情況下對黑猩猩做觀察，和他們之間不會有互動。而黑猩猩和黑猩猩之間，當然有互動。黑猩猩彼此會互相理毛，也會一起吃東西。我們不會對處於這種場面下的他們，感到有任何異常。

會覺得「實在跟人類不一樣啊……」，或是讓人聯想起人類泛自閉症障礙的症狀之類的，只有在我們與黑猩猩實際上面對面時會發生。人類與黑猩猩面對面時，總而言之就是無法溝通得很順暢。

當我跟黑猩猩碰面時，我會把自己完全變成一位黑猩猩，用黑猩猩的方式發出吸氣音，幫他們理毛，用呼嚕氣促打招呼，或是扮出遊戲表情（play face）跟他們玩。如此一來，就能順利地溝通。

可是如果面對面坐下來，想要用人類的方式進行溝通，效果就不大理想。這種時候我就會感到，眼前的黑猩猩表現出來的行為，跟泛自閉症障礙患者表現出來的症狀，實在很像。所以這讓我瞭解到，其實黑猩猩本身並沒有任何疾病或異常，而是「人類與黑猩猩面對面」這種場面本身，極端地不自然……，或者應該說，非常的「人類導向」。

腦部發展

除了黑猩猩的認知發展之外，我們也對他們的形態發展進行了調查，這是與濱田穰先生的小組的共同研究。如果把黑猩猩麻醉，對由側面看過去的頭部正中縱切面（正中矢狀面）進行核磁共振造影（MRI），會發現幾點有趣的事實。

人類喉頭上有聲帶的那個部分，會隨著成長而漸漸下降，稱為**喉頭下降現象**（Laryngeal Descent），這是形態學上為了讓人類能使用聲音語言的基礎。但是事實上，喉頭下降這個現象本身，在黑猩猩身上同樣也會發生。這是西村剛先生的發現。

然後，我們也對腦部如何發展進行調查，研究腦容量以及灰質和白質的比例，隨著發展會發生什麼樣的變化。這是與酒井朋子小姐和三上章允先生等人的共同研究。

人類與黑猩猩的腦，容量上大概有三倍的差異。人類的腦容量有一千二百毫升左右，黑猩猩的只有約四百毫升。但是，如同人類的腦容量會隨著嬰兒時期到長大成人的過程變大一樣，黑猩猩的腦容量也會隨著成長而變大。人類大約是變成三・二六倍，黑猩猩則是三・二倍。雙方都是變成三・二倍左右，幾乎沒什麼差異。

除了人類和黑猩猩以外，其他靈長類則沒有任何物種的大腦，會在成長過程中變大到超過三倍。只有人類與黑猩猩從出生到長大，腦容量幾乎變成三・二倍。換句話說，這顯示了人類與黑猩猩從出生開始，就要一路記憶那麼多各式各樣的事情，直到長大。以這個角度而言，我們清楚地看出人類與黑猩猩處於相同的情況。

學習的臨界期

本書中到現在為止已經提過無數次，在我們長年觀察的博蘇，野生黑猩猩會使用石器來敲開油棕櫚的種子。從那裡面，我們也得到了「黑猩猩要到幾歲以後才能學會使用石器」的資料。

快的話，黑猩猩三歲以後就會使用石器，但男女有別。一般而言，男性黑猩猩發展得比較晚，女性黑猩猩比較早。平均而言，女性黑猩猩大約在三歲至四歲以後，男性黑猩猩大約在四歲至五歲以後，就會使用石器。情況大致上是這樣。

然而，有些黑猩猩成年後仍不會使用石器。博蘇族群裡共有兩位成年女性黑猩猩，尼娜和巴瑪（Pama），不使用石器——不會使用石器。

由於黑猩猩族群是父系社會，因此女性黑猩猩都是由周遭族群移居而來。我猜想，這兩位不會使用石器的女性黑猩猩，是在原本就不使用石器的族群中長大，來到博蘇時，已經過了學習的臨界期。

我猜測，學習使用石器的臨界期，大概在四至五歲左右。如果那時還沒學會，可能就一生都學不會了。那兩位女性黑猩猩，八成是過了學習臨界期，在十歲左右來到博蘇。因此無法再去學使用石器了。有趣的是，那兩位女性黑猩猩生下的孩子，全都會用石器。可見黑猩猩學用石器時用來做為學習藍本的，不是只有母親而已。

博蘇族群裡，有一位不會使用石器的小黑猩猩，名字叫做雲蘿。這位小黑猩猩的母親會使用石器。那麼，為什麼雲蘿不會呢？原來雲蘿在小時候大概三、四歲時，有一隻腳的腳掌誤入鐵絲陷阱。陷阱一旦纏在腳上，在地面上走路時那隻腳就沒辦法著地，這位小黑猩猩只好以兩手撐地，當做枴杖般使用。結果，她的手成了移動身體的工具，變得非常不擅於操作器物。用這樣的方式渡過三至四歲那個時期的雲蘿，雖然能把種子放在底座石上，但只會用手去敲，不會拿榔頭石去敲打。這位小黑猩猩的石器使用，就停留在這樣的階段。

另外，還有一位一直到了七歲才終於學會怎麼使用石器的男性黑猩猩，就是傑傑。傑傑的媽媽也會用石器敲開種子，但傑傑卻學習得相當遲緩。相反的，卻有黑猩猩母親雖然不會使用石器，但孩子們都會。這情況也暗示了我們，小黑猩猩的學習來源不是只有母親；如果其他的成年黑猩猩有某些行為，小黑猩猩也會從他們身上學習。

靈長類研究所的小愛，也不會使用石器。小愛會使用第一級工具，不過到了第二級工具，她就不會用了。但另一方面，小愛在記號的使用上，則已經到達第三級的能力（請詳第五章）。像這樣的情況，我們到底該怎麼解釋呢？

我猜測，會造成這種情況，端視「腦子成長到三點二倍的這段期間裡，針對什麼事情學習了多少」的這種過去經驗，再加上學習臨界期的問題。小愛自從一歲開始，就一直學習著使用電腦操作記號。而石器，則是到二十歲後半近三十歲時才第一次接觸。這應該是小愛無法學會使用石器的理由。

如果是第一級的東西，無關經驗或是學習臨界期，只要是黑猩猩，每一位都能辦得到。每一位黑猩猩，都能使用第一級工具，使用第一級記號，也能學會手語。但是，手語中的兩句文、三句文，如果不是從很小就開始學習，大概就很難學會。而四句文、五句文，即使很小就開始學習，大概也沒辦法學會。

文化的傳播

最後，還有一項與學習臨界期相關的主題——讓我來談談黑猩猩傳播文化的機制。黑猩猩的社會是由男性黑猩猩留在族群裡，而女性黑猩猩則會離開自己出生長大的族群，移居到鄰近的族群中。

因此，如果在不會使用石器的情況下來到博蘇，由於已經過了學習的臨界期，所以就會成為不會使用石器的女性黑猩猩，待在博蘇的族群裡。

但是，也可能有正好相反的情況——那就是過了學習的臨界期、已經在自己的族群裡學會使用石器的女性黑猩猩，如果移居到其他的族群，可能就此成為藍本，讓這個新行為傳播出去。

事實上，西部非洲一帶的黑猩猩族群，似乎是存在著可稱為「敲擊文化」的文化圈。東非雖然也有石頭，可是就沒有這種使用石器的文化。在西非，雖然只有博蘇的黑猩猩會使用兩個一組的石頭當做底座和榔頭來敲擊，但用樹根或岩盤等不會動的基層當底座，然後用榔頭石或棍棒敲擊的文化，在西邊的底爾格森林（The Diecke Forest）或是東南方象牙海岸的塔伊（Tai）森林、西南方賴比瑞亞等地，都有發現。

為什麼「敲開食物的文化」會在西非一帶擴散？我為了解釋這個現象所提出的假說，就是黑猩猩的文化擴散是隨著女性黑猩猩的移居，把自己出生長大的族群裡的文化，一併帶了出去。

第七章

語言和記憶

——取捨之間

小愛計畫當初的目標，是對黑猩猩的感覺、知覺、認知與記憶進行調查研究。我們以一模一樣的裝置、一模一樣的方法，對人類與黑猩猩進行了調查。這個計畫乍看之下像是黑猩猩的語言學習研究，但事實上它的研究目的，是要以科學、客觀的方式，瞭解「黑猩猩眼中所看到的世界」。我希望藉由人與黑猩猩的比較研究，對兩者的相同之處、相異之處進行實證。這就是人稱「比較認知科學」這門學問的原型。

我想，小愛計畫可說是已經完成它「建立比較認知科學這門學問」的任務了。這個計畫的研究方法，共有三個特徵。第一，是採用運用電腦的學習環境。第二，是運用了一套稱為**行為的實驗分析法**（Experimental Analysis of Behavior）的學習方法。第三，是導入了心理物理學的測定方法。這一章裡，我將簡單地為各位介紹「小愛計畫」這個具備了上述三項特徵的一連串研究。

這個計畫的最新成果，是發現了小黑猩猩擁有比成年人類更優異的**瞬間照像式記憶**（Eidetic Memory）能力這件事。人類則以失去像這樣的記憶能力做為交換，取得了稱之為**再現**（Vorstellung）的認知功能。

顏色的範疇

小愛是一位會識字的黑猩猩。拿「桃」這個漢字給她看，她會從接下來出現的十種顏色裡選出正確的桃色；也能反過來，先秀綠色給她看，然後她會從接下來出現的十個漢字裡挑出正確答案的「綠」字。她也會阿拉伯數字，她能選出正確的數字，告訴你畫面上總共出現了幾個白點。

接下來讓我詳細介紹，黑猩猩眼中所看到的世界的一個例子。我們使用圖形文字（當時還沒開始使用漢字）與JIS規格（Japanese Industrial Standards）（譯注：由日本工業標準調查會所制定的國家級標準，又稱日本工業規格）的孟賽爾標準色票，研究黑猩猩對顏色的知覺。

孟賽爾標準色票系統性地依據色相、明度與彩度這三項屬性，定義出各種顏色。我們把每個孟賽爾標準色票上的顏色用一張色卡給受試者看，問受試者那是什麼顏色，把認得出來的顏色做成圖表（詳見【圖50】）。圖表上的橫軸表示色相，縱軸表示明度，每一格都對應一張色卡。至於彩度，則選用該色系中最鮮豔的那個彩度。

分析這張圖表我們就可以明白，雖然色相和明度並非完全一致，但在某個範圍內的顏

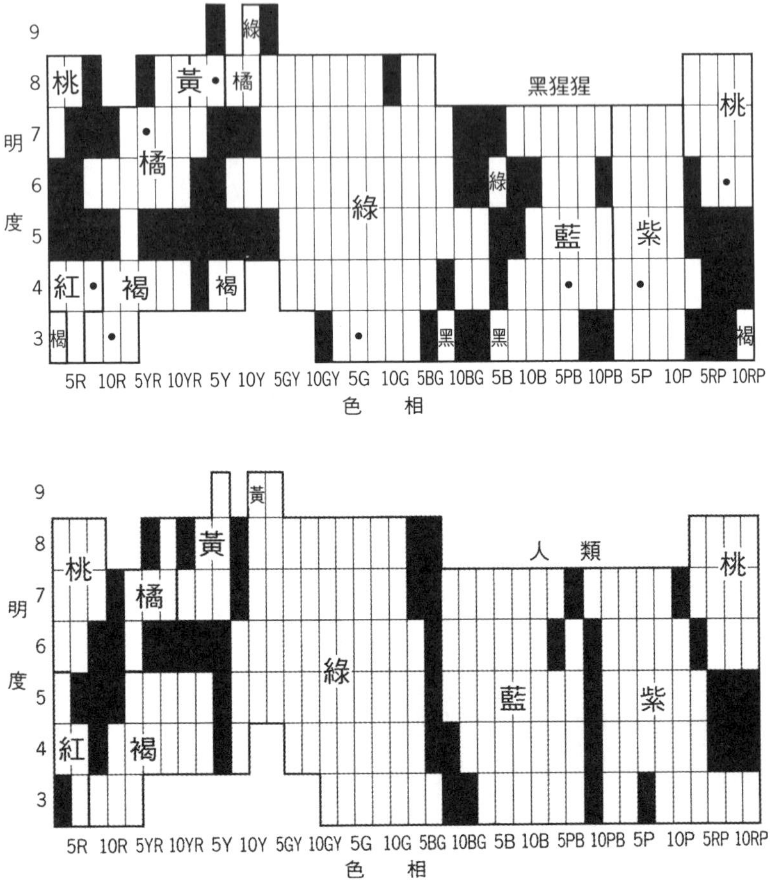

【圖50】黑猩猩與人類對顏色的知覺比較

色，受試者都會回答是綠色。也存在某個範圍內的顏色，受試者都會回答是藍色。位在黑猩猩那張圖表裡的黑點，指的是我們當初教小愛色彩名稱時，拿來做為樣本的顏色。那時，我用來教她的綠色樣本是相當暗的綠色（色相5G，明度3），藍色也是偏暗的藍色（色相5PB，明度4）。

每張色卡都共計三次，分別在不同的日子裡，問受試者：

「這張色卡是什麼顏色？」

三次都回答出同樣答案的顏色，就把圖表中那個顏色的格子反白表示。拿介於綠色和藍色之間的顏色色卡給受試者看時，有可能在第一天回答藍色，第二天回答綠色，後來第三天又回答出藍色之類的答案。像這種認知不穩定的色卡，其顏色在圖表中就以塗黑的方式表示。

在前置實驗中，我們重複做了十次上述的動作。如果做三次都回答出相同答案的顏色，做十次也都會是同樣的答案。而那種有時說綠色有時說藍色的顏色，大概只要做三次，在三次裡面就會出現不一致的答案。因此我們理解到，不需要問到十次，只要問三次就足夠了。

我們一共調查了二百三十個顏色，其中能穩定命名的比例大概八成，命名不一致的比例大概兩成。這個比例，無論是黑猩猩或是成年人類，都沒有什麼不同。

以顏色的範疇而言，兩邊也幾乎都相同。以日本人的感覺來說，藍色與綠色的分界大概差異了兩個色相左右。而極深色的藍色和綠色，黑猩猩有可能認為它們是黑色。不過，像英文裡面藍色與黑色的單字開頭都是bl，兩者的語源其實相同。

總歸來說，這項調查的結果告訴我們，以顏色的範疇而言，黑猩猩對顏色範疇的認知與成年日本人非常相近。而且，這與當初用哪個樣本色去做訓練無關（因為訓練用的樣本色並不位於該顏色範疇的中心，所以可推測應該是與樣本色無關）。

然後，我們再把這些資料，與文化人類學的研究資料交疊在一起看看。

如果我們針對不同語言，詢問該語言的基本色彩詞彙（Basic Color Terms）的焦點在哪裡——也就是比方「最像綠色的綠色」是哪個顏色？——會發現，雖然指的同樣都是綠色，但對應在日文的「緑」的焦點，跟對應在德文的「grün」的焦點，會有多多少少的差異。然後，和法文的「vert」又有點不同。

文化人類學者柏林（Brent Berlin）與凱依（Paul Kay）曾經針對世界上的二十種語言，調查以各該語言為母語的人，對各種基本色彩詞彙的焦點（比方說，「最像綠色的綠色」）的認知。調查結果，雖然各語言所認知的色彩焦點多少存在著差異，但還是會形成一個較集中的區域（叢集）。無論說的是「綠色」，或是「green」，或是「grün」，或是「vert」，大概都位在相去不遠的地方。因此，柏林與凱依發現了色彩存在這樣的範疇。

這個現象，被稱為**語言通相**（Language Universal）。有一派說法認為，語言是在完全恣意的情況下被製造出來，顏色也是在完全恣意的情況下被命名；也有一派說法認為人類這種生物，普遍具有針對某個特定的顏色範圍去命名顏色的傾向。柏林與凱依的研究結果，支持了語言具有通相的這種說法。無論紅色、橘色、綠色或藍色，都呈現出明顯的叢集。

如果把我對黑猩猩的調查結果加在他們文化人類學的資料上，會出現非常有趣的事情（詳見【圖51】）。這張圖跟前面【圖50】那張圖相反，是把黑猩猩能夠穩定命名的區域加上網底，把黑猩猩無法穩定命名的區域反白顯

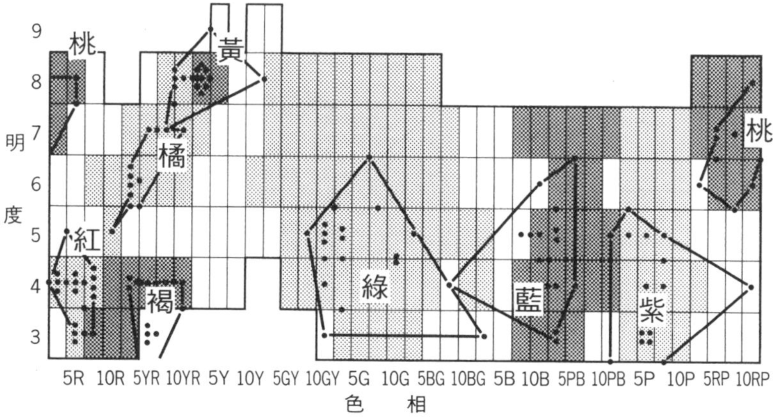

【圖51】黑猩猩的顏色知覺與二十種人類語言的基本色彩詞彙焦點（修改Berlin & Kay(1969)的圖，加上【圖50】的資料）

示。圖表裡的黑點，則是二十種語言分別的基本色彩詞彙焦點。從這張圖可以看出來，人類沒有任何一種語言，會把基本色彩詞彙的焦點定在黑猩猩無法穩定命名的顏色上。

也就是說，人類語言的基本色彩詞彙焦點，一定位於黑猩猩能夠穩定命名的區域上。柏林與凱依的研究結果找出了語言在基本色彩詞彙上具有通相的這個事實，但這事實並非僅限適用於人類身上，也能擴張到黑猩猩身上。我們能發現，在黑猩猩身上也有相同的基本色彩認知。亦即，我們針對「色彩的認知能力」這件事，以語言反應的方式，對黑猩猩進行和人類一樣的調查，結果顯示出黑猩猩眼中所看見的顏色世界，與人類看見的相同。

如果我們挑選位於無法穩定命名區域的顏色，隨便取個名字，教黑猩猩來認識這個顏色，會發生什麼事呢？過去曾經有一個這樣的研究，但不是以黑猩猩做實驗，而是以鴿子當實驗對象。

實驗的結果是，像那樣的顏色範疇，自始至終都很難形成。雖然鴿子眼中的顏色叢集和人類或黑猩猩的完全不同，但同樣也會形成綠色、藍色、紅色般的顏色範疇。如果選定他們天生的顏色範疇裡的顏色去命名，就能得到非常清楚明確的範疇，但如果想在模糊區域創造新範疇，那麼這種範疇就會非常難形成。

如果在鴿子身上會出現這樣的情況，那麼我猜測，以黑猩猩做實驗大概也會得到相同的結果。人類也是一樣，如果故意把焦點定在藍綠色那種區域上，取個色彩名稱要人類記住，人類大概也很難學得起來吧？這個研究，顯示出了人類與黑猩猩在顏色知覺上的共通性。

色彩名稱的學習與範疇區分

幾年之後，關於顏色命名這件事，我又針對擁有語言所代表的意義做了更深入的思考。這是與當時還是大學部學生的松野響以及博士後研究員川合伸幸的共同研究。包括黑色在內，小愛一共學會了十一種色彩的名稱。研究所裡另一位名叫潘德莎（Pendesa）的黑猩猩，則是完全沒學過色名。但是，這個研究的結果讓我們知道，不是只有小愛看得到顏色，潘德莎也看得到顏色。兩位黑猩猩眼中所看到的色彩世界，幾乎完全相同。不過在那之中，也讓我們發現到學過語言標籤之後，對她們造成什麼不同的影響。詳細情形如下：

我們用一種叫做「找出同樣顏色」的測驗，來調查黑猩猩眼中看到的色彩是什麼樣子。這個測驗，會有一個樣本顏色，以及兩個選項顏色。做法是，把樣本顏色（比方說，綠色）給接受測試的黑猩猩看，然後秀兩個選項顏色（比方說，綠色和藍色）給她看，請她選出與樣本顏色相同的那個顏色。這是個相對比較簡單的測驗，只要經過幾天的訓練，就能夠做。

不只是對小愛來說不難，對潘德莎來說也不難。

做完「比較顏色與顏色，只要選出同樣的顏色就好」的訓練後，有時候，大約以十次裡面突然來一次的機率，我們會試著出不一樣的顏色給她們。不是那種完全差異很大的顏色，而是雖然不同、但相對比較接近的顏色。那種時候，能選擇的選項只有兩個——比方說，到底是綠色呢，或者是藍色呢？——也就是拿兩個顏色給她們比較，強迫她們無論如何要從裡面選一個出來。事實上，不管選的是哪一個，都能得到獎賞，並沒有所謂答對或答錯的問題。但是，由於到那時為止的所有基礎訓練都是以「選出相同的顏色」為前提進行，十次裡面有九次都是這麼做的，所以如此一來，就算有時候出現跟樣本稍微不一樣的顏色，相信她們應該還是會去選擇看起來「一樣」的那個顏色。

【圖52】，是用跟前面的孟賽爾標準色票不同的色度圖方式，把小愛和潘德莎分別能一貫答對同樣顏色——比方說，藍色就一直答藍色，綠色就一直答綠色——的顏色標示出來的結果。從這個實驗結果裡，我們能看出兩件事情。

首先，兩位黑猩猩都同樣的——也就是超越黑猩猩的個體差異——具有「總是會選出相同色彩名稱」的顏色區域。小愛跟潘德莎，在「是否學會了語言」這個背景上完全不同，但都確實擁有認知上的共通區域。而且，這些區域形成了叢集，也就是存在著「比較像綠色的

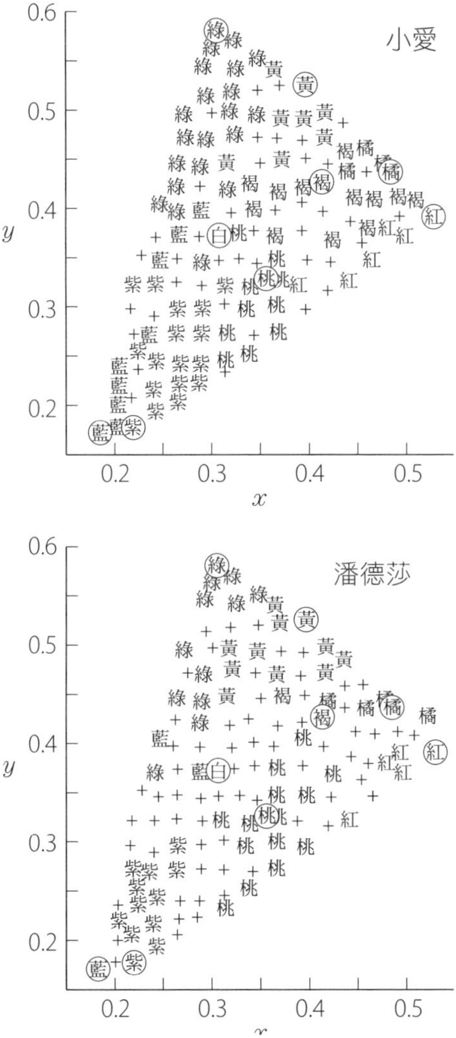

【圖52】「找出同樣顏色」的測驗。受試者能一貫答對的顏色以色彩名稱標示，無法一貫答對的顏色以＋號標示。用〇圈起來的，是訓練時使用的樣本顏色（標準色）

顏色」，或是「比較像藍色的顏色」等範疇。這讓我們知道，無論有沒有受過語言方面的訓練、有沒有貼上語言的標籤，黑猩猩在認知上，都具有共通的顏色區域、顏色範疇。

然後，我們瞭解到的另一件事是，小愛能一貫回答的顏色，相較於潘德莎多了許多。亦即如果貼上語言的標籤，對顏色的分類會變得更精準，辨色會變得更穩定。因此我們可以說，語言這種東西在某種意義上，具有著把模糊不清的東西明確區分開來的功能。

基本色彩詞彙

接下來，讓我們再把話題回到基本色彩詞彙上。所謂的基本色彩詞彙，指的是「非由其他語彙轉用，原本就是表示顏色的字彙；同時，也不是**複合字**（Compound Word）（譯注：指由一個以上的字所合成的詞）的色彩名稱」。

以日文而言，「赤」（Aka）這個字只會用來指紅色，而「青」（Ao）這個字則只會用來指藍色，故兩者都可被認定是基本色彩詞彙。「赤」與「明るい」（Akarui，意指明亮）來自同一個語源，與表示「暗い」（Kurai，意指暗）的「黒」（Kuro，即黑色）是相反詞。「青」的語源也很古老，雖然有數種不同說法，但過去它指的是與白色對立，處於白色與黑色中間，包括灰色在內的暗沉中間色。因此，「白、黒、赤、青」這四個字，可說是日文裡的基本色彩詞彙——當然，要把哪些字認定為基本色彩詞彙，還留有不少待討論的空間。

日文的「緑」（Midori）這個字，現在只用來指綠色，但在漫長的歷史上，情況卻略有不同。「緑」過去是表示新芽或嫩芽的具體名詞，是個與「みずみずし」（Mizumizushi，意指新鮮、嬌嫩）有關係的字。而由於新芽或嫩芽的顏色，後來才轉變為表示位於藍色和黃色中間的綠色。古代日本並沒有特別用來表示綠色的字彙，綠色是被歸類在「青」（即藍色）裡面。而「黄」（Ki）這個字現在用來指黃色，但過去的情況也同樣略有不同。奈良時代（七一〇—七八四年），並沒有用來表示顏色的「黄」。由於「黄土」與「赤土」指的都是同樣的顏色，所以可以猜測「黄」包含在「赤」裡面。「黄」一直到平安時代（八世紀末到十二世紀末）才確立為獨立的顏色，而其「Ki」這個發音的語源，則有數種不同說法。

「茶」色（Cha，即褐色）是由茶水轉化而來，因此不是基本色彩詞彙。「橙」（Daidai，即橘色）則是由柳橙這種食物轉化而來。「桃」（Momo）也是從桃子轉化而來。「紫」（Murasaki）也很微妙，據說是由一種叫做紫的草所萃取出來的染料轉化而來。

以這樣的角度觀之，就如同前面的結論一樣，我們可以說日文在文化人類學裡，是一種擁有四種基本色彩詞彙的語言。

關於「基本色彩詞彙的演化」，柏林與凱依在他們已成為經典的名著《基本色彩詞彙》（*Basic Color Terms*，由University of California Press於一九六九年出版）中有詳細介紹。書中表示，調查了許多民族的語言後，發現也有民族的語言中只有兩個指涉顏色的字彙。那兩個字，幾乎就相當於「明」和「暗」。除了這兩個字，沒有其他描述顏色的字。如果硬要歸類，就是「白」和「黑」。

也有一些民族，基本色彩詞彙只有三個。那三個顏色一定是「白」「黑」和「紅」。擁有四個基本色彩詞彙的民族，除了「白」「黑」「紅」之外，第四個不是「黃」就是「綠」（這裡所謂的綠，指的是那種把藍色和綠色全都混合在內的顏色範疇）。擁有五個基本色彩詞彙的民族，都是「白」「黑」「紅」「綠」「黃」。基本色彩詞彙達到六個時，才會首度把「藍」和「綠」區分成不同的色名。

我們在文化人類學家的研究基礎上，對黑猩猩的顏色範疇知覺進行了調查。加上生理學的知識，讓我們知道人類與黑猩猩的視網膜都有三種錐細胞（Cone Cell）。這三種錐細胞，分別對長波長、中波長、短波長的色彩最為敏感。這些細胞送出的訊號總和，就是我們大腦所感受到的色彩。

基於文化人類學和生理學的背景知識，我們對小愛進行辨識顏色的研究時，首先就選了紅、黃、綠這三色。接下來則是藍色。像這樣，儘可能以「基本色彩詞彙的演化」為理論基礎，逐步增加顏色。我想，用這樣的方式，也許能夠減少黑猩猩學習顏色時的負擔。

圖形文字

關於小愛計畫中使用的圖形文字，我也來稍微做一點說明。

圖形文字，是由空心四方形、空心圓形、空心菱形、塗滿黑色的實心圓形、塗滿黑色的實心菱形、斜線、橫線、直波浪線、橫波浪線，一共九種圖形要素所組合而成（詳見【圖53】）。圖形要素以種類不要太多、外觀看起來儘可能明顯相異為原則，有左右對稱的，也有非對稱的圖形。這是我在二十六歲時想出來的系統。

具體做法是，我們把像【圖54】那樣的圖形文字給小愛看，告訴她「這個的意思是紅色」「這個的意思是藍色」「這個的意思是黃色」。像【圖55】裡面的圖形文字、顏色和漢字，代表的意義全都是紅色。這三種記號，無論是實際顏色的紅色，或是代表紅色的圖形文字（符號），或是漢字的「紅」字（與圖形文字不同系統的符號），不管拿哪一種給小愛看，她都看得懂。經過長年的學習之後，這三者對小愛而言是等值的。

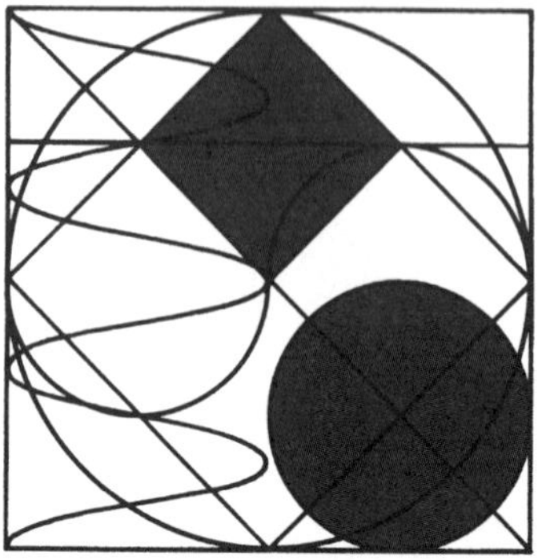

【圖53】由9種圖形要素所組成的圖形文字

【圖54】由左而右，分別是表示「紅」「藍」「黃」的圖形文字

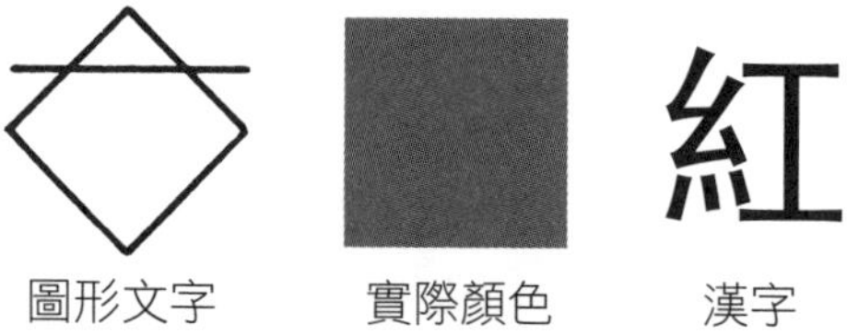

【圖55】圖形文字與顏色與漢字

圖形文字的拼寫

小愛還更進一步，能夠拼寫圖形文字。

就像日文裡的「紅」（譯注：日文漢字寫為「赤」，讀音為Aka）這個字能夠拆解成「A」和「Ka」兩個音節一樣，用來表示紅色的圖形文字，是由菱形和橫線這兩個要素所組成。我曾經做過實驗，想知道如果一位黑猩猩拿紅色給她看時，她有辦法選出表示「紅色」的圖形文字，而反過來拿表示「紅色」的圖形文字給她看時，她也能選出紅色這個顏色，這樣的黑猩猩，是否能夠挑選出表示「紅色」的圖形文字的組成要素——也就是菱形和橫線——來拼寫出圖形文字？

以學習行為的專有名詞而言，這叫做「選出象徵構成元素測驗」——把本身不具任何意義的構成要素組合起來，結合成具有某種意義的符號的測驗。詳細做法如下：

實驗本身，並不是用代表顏色，而是用代表物品的圖形文字進行。圖形文字裡，也有代表蘋果、香蕉、芋頭、高麗菜、固體飼料等食物的複雜圖形文字。這些圖形文字也由那九種圖形要素所組成。

小愛能夠選出塗滿黑色的實心菱形、斜線、直波浪線這三個要素，組合成表示「芋頭」的圖形文字，也能夠選出空心四方形、空心圓形以及塗滿黑色的實心圓形這三個要素，組合成「蘋果」。小愛也懂得表示「5」這個數量的阿拉伯數字，所以我原本想試著讓她也拼出「五個紅蘋果」這種片語來。但那實在太難了，所以只做了一半就放棄。

這個實驗的背景裡，存在著一個問題意識，那就是**語言的雙重分節構造**（Double Articulation）」。

人類的語言，普遍存在著雙重分節構造。所謂的雙重分節構造，指的是「語言中的句子，是由具有意義的最小單位——**詞素**（Morpheme）所組成，而詞素本身，又是由不具有意義的更小單位——**音素**（Phoneme）所組成」的這種關係。雙重分節構造，指的就是像這樣的兩階段結構。所以，讓我們試著把這種語言學的概念，套用到黑猩猩學會的符號體系上看看。

黑猩猩無疑地能夠使用第一級符號。而我們有數字、漢字或圖形文字，來做為具有意義的最小單位。小愛已經在某種程度上，有辦法把這些符號串連起來，描述出像是「紅，鉛筆，5」的標的物顏色、品名、數量這些屬性。前面已經提過，我推測她大概擁有運用到第三級記號的能力。

但是，如果以和人類的語言同樣的概念類推，我希望能證明他們有辦法用本身不具備意義的要素（指圖形要素或是構成要素，也就是相當於「漢字部件」的東西），去拼寫出數字、漢字或圖形文字。因此，我們使用了由九種要素組合成的圖形文字，去挑戰「以組合要素的方式拼寫出圖形文字」的測驗。

我們在「想教黑猩猩學會具有雙重分節構造的語言」這個意圖之下，進行了這個實驗。結果對於「黑猩猩是否能以要素組成一個單字？」這個問題，得到了「可以」的證據。但是這個研究，也就只做到這個地方為止。換句話說，對於「黑猩猩是否能夠學會具有雙重分節構造的語言？」這個出自語言學興趣的疑問，我們只停留在實證了雙重分節構造的「一半」的階段。

等值性不成立

看到顏色，選出相對應的漢字。看到顏色，選出相對應的圖形文字。反過來，看到漢字，選出相對應的顏色。這樣的事情，小愛能夠做到。小愛的兒子小步也能夠做到。還有另外兩位黑猩猩媽媽的孩子也都能做到。出生於二〇〇〇年的小步，二〇〇四年起開始學習數字，到了二〇〇六年，開始學習漢字。

小步每天都要練習像那樣的測驗。如果以每次五十題計算，大概四分鐘左右就能做完。答對問題，鈴聲就會響，就能獲得一片蘋果（八立方公釐）當獎品。答錯的話就會出現「叭——」的喇叭聲，稍微暫停休息一下，停個三秒再出示下一個問題。這延遲的三秒鐘時間，要說是處罰，也算是一種處罰。這是與井上紗奈小姐和廣澤麻里小姐的共同研究。

實驗的重點在於，每天一定都要做到「用漢字表示顏色」和「用顏色表示漢字」的這雙方向測驗。其順序也要做到無偏差，有時候先做用漢字表示顏色的測驗後再做用顏色表示漢字的測驗，有時則相反。

在開始進行這個實驗之前，我們先訓練小步看到紅色就選紅色，看到綠色就選綠色，看到「紅」這個字就選「紅」這個字，看到「綠」這個字就選「綠」這個字。也就是「選出相同的東西」這種選出相同物的練習。用這種方式，徹底讓小步學會每個顏色與文字的區別之後，突然讓他學習那種毫無意義、完全不具關連性的關係——也就是，拿紅色給他看後，要他選「紅」這個漢字。

我們擁有圖形文字、顏色及漢字這三種要素，而如果把對應的方向性也考慮進來，就一共有六種關係的組合。小步學會這六種關係的過程，就顯示在【圖56】裡。由於這個測驗是從兩個選項中選擇，所以答對率是由百分之五十（二選一偶然答對的機率，也就是隨機機率）開始，然後成績慢慢地向上提升。

從【圖56】裡，我們究竟能看出什麼？比方說，從漢字與圖形文字之間的關係裡，就明顯地顯示出小步有一段期間，能相對容易地把漢字連結到圖形文字上，但是卻難以把圖形文字連結到漢字上。另外，「看到紅色後去連結相對應的『紅』這個漢字」，自始至終都比較困難，與「看到『紅』這個漢字後連結到相對應的紅色」這個方向，不存在等值性。

我之所以想做這個實驗，其實有特別的理由。

以前，小愛一直接受的訓練，是看到顏色後選出相對應的圖形文字。那時並沒有特別想

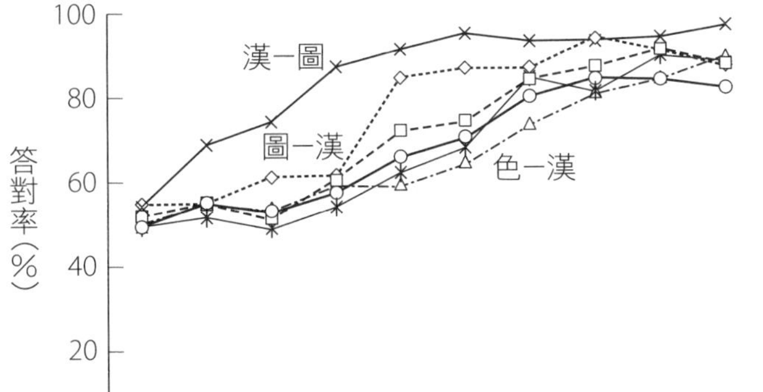

【圖56】小步學會圖形文字、顏色、漢字之間關係的過程

什麼，只是純粹一直用這種方式做。有一天突發奇想，先出示圖形文字以後，再問她：「這指的是什麼顏色？」結果她選不出來。回答出來的答對率，幾乎差到接近隨機機率。

這樣的結果，著實讓我大吃了一驚。畢竟，小愛能用正確的圖形文字，表達出多達幾百種顏色的孟賽爾標準色票啊！而且還不只這樣。如果帶著圖形文字卡片和小愛一起出去散步，摘下一朵蒲公英的花給她看的話，她會正確無誤地把上面畫著表示「黃色」的圖形文字那張卡片遞給我。或者是，即使我沒主動問她，小愛也會在自己玩著積木時，抽出綠色的積木，主動拿著上面畫著表示「綠色」圖形文字的卡片到我這邊來。也就是說，小愛甚至會自發性地使用圖形文字。但即便如此，她卻沒有辦法回答出相反的問題。如果把許多種顏色的積木排在小愛面前，出示一個畫著圖形文字的卡片給她看，問她：「卡片上面的圖形文字表示的是什麼顏色？」她會非常猶豫不決。

一開始，我原本猜測這純粹只是因為她經驗不夠的緣故，所以猶豫。但實際上卻似乎不是這樣。那個時候，才讓我開始對黑猩猩究竟是不是真正學會「語言」這件事，產生了懷疑——也就是對猩猩的語言學習研究，開始產生基本的疑問。

在學習語言的過程裡，一開始不會，是天經地義的事。只要學，就能夠會，這沒有關係。可是，如果學會的是語言，那麼紅色與「紅」這個漢字將連結為一體，兩者必須呈現出同樣的學習曲線才對（因為是在同一天做的練習）。可是我們發現這兩者的學習曲線，卻呈現出乖離的情況。

這是沒有成立等值性的一個證據。黑猩猩的確能夠學會單字。但雖然如此，如果仔細觀察他們學會的過程，我們會發現他們學單字的方式，事實上和人類並不相同——等值性沒有成立。他們所學到的是，看到紅色這顏色時，要選某個字。而看到這個字出現時，要選擇紅色，是與這無關的另一個獨立事件。這是他們的學習方法。

人類在學習語言時，如果學到「A指的是B」，那麼在沒有接收到任何其他說明的情況下，也會擅自推論「B一定就是用A來表示」。但其實在嚴謹的邏輯觀點下，這樣的推論卻是個錯誤的推論。

當「A指的是B」時，邏輯上，「B就是用A來表示」這個想法並不必然成立。只有在A與B完全等值時，「A指的是B」與「B就是用A來表示」才會同時成立。換句話說，黑猩猩是對的，人類的推論反而很奇怪。

黑猩猩、日本獼猴、老鼠或鴿子，都能學會在看到紅色時，就選出意指「紅」的記號。但是，在看到意指「紅」的記號時，卻沒有辦法回頭去選出紅色。如果說得正確一點，那個記號那時候還不能稱為記號，因為尚未被證明兩者之間等值。人類以外的生物全都會這樣認為，只有人類在學會看到紅色時選出意指「紅」的符號後，自動就會把「紅」這個符號反過來與紅色連結在一起，自動為標的物與符號之間建立等值性。

教黑猩猩學習語言後我發覺到，事實上在黑猩猩的世界裡，等值性並沒有成立。但是，如果像小愛一樣不斷重複進行那種雙向性的學習，就能明確地在單字上建立等值性。我認為，如果在大腦成長為三．二倍的這段期間中不斷教導他們，他們在單字程度的學習方面，應該能變得和人類一樣。

以史楚普效應確認等值性

小愛經過前述般嚴格訓練之後學會的語言，已經在單字層次上建立了等值性。為了證明這一點，我著眼於一種叫做**史楚普效應**（Stroop Effect）的現象。

檢驗史楚普效應的方式，是像【圖57】那樣，把代表色彩的字彙用「和該字彙字義上的顏色不同」的墨水顏色寫出來，讓受試者看，請他們：「依序唸出每個字分別是用什麼顏色寫出來的？」各位讀者如果親自試一次就會知道，看著最上面一行從左到右寫著「紅、黃、藍、綠」的字面，回答出每個字實際上的墨水顏色（實際上的字體顏色是「綠、紅、黃、藍」），相當不容易（編按：本書封面摺口附彩圖，請您玩玩看）。史楚普效應是個非常穩定的效應，無論經過什麼樣的訓練，要做這個測驗都相當不容易。

根據心理學上的解釋，之所以會出現史楚普效應，是因為人類大腦同時平行處理顏色資訊以及字義資訊所導致。感官上認知出來的綠色，和文字字義上的紅色這兩個資訊一起輸入腦子裡，兩者產生衝突，無論再怎麼強迫自己「忘掉某一方，專注回答另一方資訊」，還是難以做到。

也有一種現象叫做逆史楚普效應——如果要求受試者「不管實際上的墨水顏色，只回答字義上的顏色」，回答時一樣多少都會受到墨水顏色的干擾。但是，「不管其字義上的顏色，只回答實際墨水顏色」的干擾更大。雖然受到的干擾程度不同，但因為是同時平行處理，不管哪一種都會出現史楚普效應。

【圖57】每個漢字，都以和其字義不同的墨水顏色書寫

小愛是一位看到漢字懂得選顏色，看到顏色也懂得選漢字的黑猩猩。黑猩猩如果接受訓練，能夠在單字程度上建立等值性，可說是已學會了語言。我認為，如果黑猩猩身上也能出現史楚普效應，那將會是個強力的證據。

假設我們拿【圖57】那張圖給一位母語是英文（不懂日文漢字）的外國人看，請他答出每個字的實際墨水顏色，他一定能毫不猶豫地回答出「Green, Red, Yellow, Blue」。為什麼呢？因為他根本看不懂文字的字義，所以不會被它干擾。換做是日本人，因為日本人看得懂字義，就會出現史楚普效應。因此我認為，如果黑猩猩也能看得懂每個字的字義，應該會和日本人一樣出現史楚普效應，而如果事實上他們看不懂，就會和外國人看漢字的結果一樣。

實際實驗後的結果，小愛平常在回答顏色的測驗時，每個顏色的回答時間大概是〇．五秒至〇．六秒，這是她的基本速度。而當我們把用黃色墨水寫成的「紅」這個漢字給她看，到她正確答出黃色（具體上的做法，是讓她在背景為黑色的螢幕上，選出用白色寫成、代表黃色的圖形文字）的時間，要花上將近一秒。除此之外，我們也發現她會有差點要去選代表紅色的那個圖形文字，後來又修正為代表黃色的那個圖形文字的行為。透過犯了什麼樣的錯誤以及花了多少時間，我們就能測出史楚普效應的量。

用這樣的方法，我們在小愛身上也確認出了史楚普效應的存在，這證明了小愛所學習到的色彩名稱，的確和人類眼中的色彩名稱具有相同的功能。不斷學習的黑猩猩所學會的語言，其對小愛所產生的效應與人類語言的效應已經達到相同的水準。這是我的結論。

但說得更詳細一點，這個研究還多少有個瓶頸尚未克服，那就是我並不是指示小愛：「回答字體的顏色。」事實上以這個測驗本身而言，她要回答實際墨水顏色也可以，要回答字義上的顏色也可以。只是由於這個實驗的背景測驗，總是要她用圖形文字去回答看到的顏色，所以順水推舟讓她變成是選擇實際墨水顏色去回答。這是這個實驗尚未能達到完備的地方。因為還有無法說服我自己之處，所以這個實驗結果，我還沒有寫成學術論文發表。

這個部分，我希望能儘可能用什麼方式，在小步他們這個世代，以一位以上的黑猩猩進行證明。我一邊繼續進行研究，一邊想著如果能確實證明黑猩猩身上也會出現顏色的史楚普效應，那應該會是個非常震撼的研究結果吧！

記憶能力

接下來，我要來跟大家談談人類與黑猩猩的記憶能力。

小愛的兒子小步，一直到四歲以前，我們從來沒有特別讓他學過什麼。他每次都只是在小愛上課時，安安靜靜地一直待在旁邊看著而已。後來，等到他四歲——相當於人類的六歲，也就是要上小學一年級——時，才覺得差不多該讓他上些課了。一開始，跟母親一樣，是讓他做「從1開始依序點擊出現在電腦畫面上隨機位置的阿拉伯數字」的練習。我們在小愛的隔壁房間架設了相同的電腦系統後，小步從第一天開始就毫不猶豫地觸摸觸控螢幕。這是我與井上紗奈小姐的共同研究。

小步四歲時，第一天上課的第一道題目，是教他1和2。不知道為什麼小步很喜歡2，老是一直先去碰觸2。他分辨得出1和2不是同一個字，但不知為何，就是喜歡先碰2，真是讓人頭疼。

在這段期間，做媽媽的小愛並沒有特別來關照什麼，就自己做自己的測驗。小步則一直在做各種嘗試。有個動作讓我覺得他很聰明，就是他曾經試著同時點擊1和2兩個數字。雖然經過這麼一段艱困的努力，但那天內小步總算是學會依序點擊1、2這件事了。所花的時間，總共三十分鐘。

隔天開始，是學習1、2、3。這個也學會之後，再增加成1、2、3、4。每天早上九點到九點半這三十分鐘，從禮拜一到禮拜六不斷練習之下，半年之後——也就是小步四歲半的時點——他已經能依序用手指點擊1到9的數字了（詳見【圖58】）。無論1到9的數字分別出現在畫面上的什麼位置，都沒有影響。這個記住數字順序的練習，在黑猩猩所學習的課題裡面，似乎應該被歸類在最簡單的種類裡面。再接下來，則是學習1到19的數字順序。

以在這個練習中學到的數字順序知識為基礎，小步五歲半時，我們替他安排了記憶力的測驗。設計上，測驗方法和前述方式完全相同，但在碰觸到1的那一瞬間，其他數字會全部消失，變成一個個白色的方塊。接著小步就必須在那樣的狀態下，憑記憶由小到大依序點擊原本有數字在的地方。

結果，小步只瞬間看了一眼畫面就伸手碰觸1，然後以機關槍般的速度正確地依序點擊了那些已經變成白色方格的2以後的數

【圖58】小步正在依序點擊畫面上從1到9的數字（松澤哲郎攝）

字（這個過程，請各位讀者務必到岩波書店網站：http://www.iwanami.co.jp/moreinfo/0056170/，親眼看看實際的動畫影像，一定讓您驚嘆不已）。從出現數字分布畫面到小步伸手點擊1為止的時間，僅僅只有〇・六秒。他幾乎很少出錯。到現在為止，我並沒有見過能用這麼快的速度又做得如此正確的人類。

我們用相同的裝置、相同的程序，也對人類進行了測試。雖說程序相同，但要是不把問題的難度降低，人類根本沒有辦法作答。所以我們把提示時間設為〇・六五秒、〇・四三秒、〇・二一秒共三個階段，數字則只出現1到5。小步的母親小愛的測試結果也一併放在資料中，請參考【圖59】。

包括小愛和小步在內的三組黑猩猩母子，從

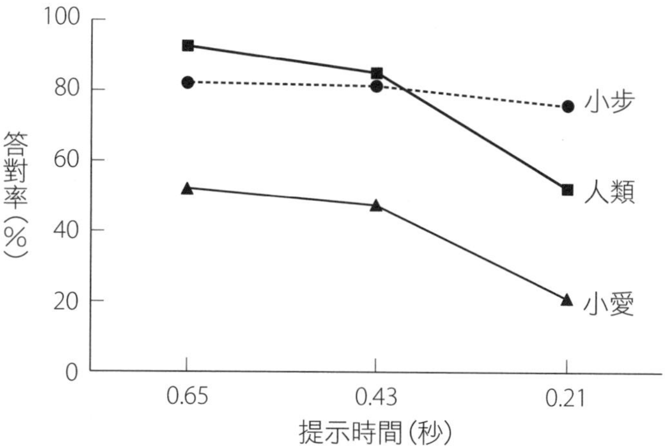

【圖59】記住五個數字的測驗成績

二〇〇四年四月起，同時都開始做大致相同的練習，結果呈現出明顯的組別差異，三位小黑猩猩每個都像小步一樣，三位成年黑猩猩則每個都不會。三位成年黑猩猩的表現，大概和大學生當中略低於平均水準的人相同。而沒有任何一位大學生，有辦法贏得過小黑猩猩。

為求公允，我們也對人類的兒童做了測試，受試者選擇年齡約相當於這幾位小黑猩猩的九歲左右。但果不其然，也是一敗塗地。我們現在只知道，人類患有**高機能自閉症或亞斯伯格症候群**（Asperger Syndrome）（譯注：自閉症的一型，被認為是「沒有智能障礙的自閉症」）的孩子裡，偶爾會出現具備這種能力者。擁有這種照像式記憶的小孩，據估計大概幾千人裡才會有一個。

有一天，還發生過這樣的事情。小步在做這個數字會變成白色方格的測驗時，外頭出現聲音，小步就轉移注意力到那邊去，左看右看周遭的狀況，至少中斷了十秒鐘之久。但即使發生了這個插曲，小步還是繼續正確地把剩下的數字點選完畢。也就是說，小步的照像式記憶不是只能維持一瞬間，即使中間有著十秒以上的中斷，記憶的內容還是沒有消失。

關於「在一定的時間內，究竟能記住多少個數字」這個問題，我們也做了初步研究。【圖60】中所顯示的，是我們得到的小步和成年人類的成績比較資料。提示的時間是〇・二一秒，成年人類的受試者就是我。我觀察這個測驗的時間，幾乎和小步一樣，自信能比一般成年人拿下更理想的成績。但即使這樣，要在一瞬間就記住七個甚至是八個數字，實在是太困難了。可是，小步做得到。

透過這一連串對瞬間記憶數字的比較研究，我們首次瞭解到，「黑猩猩在記憶測驗上的能力，比人類還要優秀」。

以長遠的眼光來看，這個研究的意義可說是建立起一個架構，用以下三項指標來測度記憶能力：

①瞬間看一眼，最多能記憶幾個數字？
②能在多短的時間內記憶起來？
③記憶能維持多長的時間？

雖然我們目前還只停留在「讓人們對這樣的結果感到驚訝」的階段，但是事實上，想出這個測驗法本身就是件非常重要的事。那是因為，測

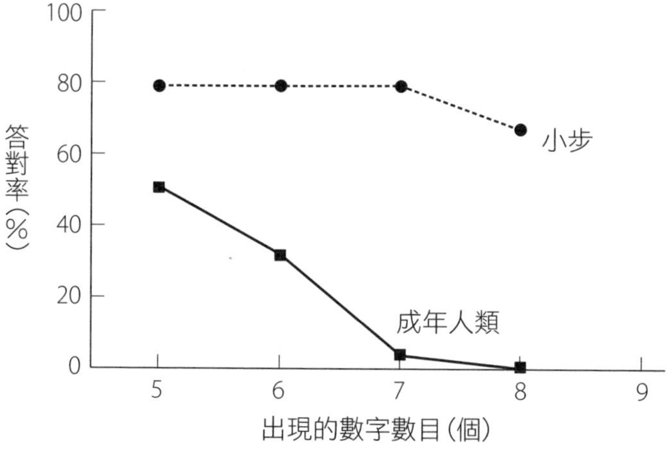

【圖60】0.21秒內，能記住幾個數字？

驗裡用的是阿拉伯數字，所以能夠跨越國界，無論是誰都能接受測驗。小孩子也好、大人也好、老人也可以。就算是腦部受到損傷的患者，或是罹患**阿茲海默症**（Alzheimer's Disease，失智症）的患者，也都能做。

小步在這三項指標上的具體成績如下。如果我們把所謂的「瞬間看一眼」設定為〇．二一秒的提示時間，那麼他能記憶到八個數字。至於能在多短的時間內記憶起來，如果以提示五個數字為條件，即使把提示時間縮短到〇．〇六秒，小步也還擁有五十%的答對率。關於記憶能維持多長的時間？到目前為止我只能回答說，他至少能維持到十秒。

要研究小步的記憶內容是否能維持到十秒以上，相當困難。困難的原因在於，我們很難對黑猩猩下達「暫停！」的指令。要叫他們停下來等，不是不可以，但他們會很不耐煩。他們不喜歡一直待著不動等待指令。

我曾經在別的研究裡，安插了要他們在過程中等待三十二秒的命令。這是與藤田和生先生的共同研究。結果，那造成他們的學習動力出現了顯著的下滑。以結果而言，到底是因為學習動力下降才導致成績不理想，或是記憶本身消失了，我們沒有辦法判別。到目前為止，我們還未能找出能夠在維持高度學習動力的情況下，研究記憶內容能夠維持多久的實驗方法。因此目前無法提出高於十秒的數據。

取捨假說

小黑猩猩擁有像這樣的直接記憶能力——也就是照像式記憶——但人類卻沒有，到底該怎麼解釋？我想出來的，是**取捨假說**（trade-off hypothesis）。

很久以前，人與黑猩猩的共同祖先其實擁有這種能力。而這種能力，很明顯地由黑猩猩繼承了。人類則在演化過程裡喪失了照像式記憶的能力，但換來了語言——也就是，記憶力和語言的取捨。

為什麼照像式記憶的能力，在黑猩猩身上大幅保存了下來？以適應的觀點而言，我們至少能想到兩個好處。一個是，當族群與族群相遇時，能夠在樹影晃動的瞬間，迅速地捕捉到「哪裡有誰在、全部總共有多少數量」的能力，在適者生存上有其意義。另一個則是，比方說，有一群黑猩猩一起爬上無花果樹，成熟的果實究竟在哪裡？社會位階第一的、第二的、第三的、第四的男性黑猩猩，分別在什麼地方？能夠在一瞬間掌握這些事情，就能幫助自己及早抵達自己能吃得到的樹枝尖端。

相對而言，像是電影《雨人》（*Rain Man*）裡由男主角達斯汀・霍夫曼（Dustin

Hoffman）所詮釋的自閉症患者，能夠很快地看出一盒火柴掉在地上後共散落了多少根火柴棒的能力，以適應的觀點而言，其意義似乎就沒那麼大。針對一隻瞬間從眼前經過的生物，與其記住牠前額是白的、前腳是黑的、背部是咖啡色的……不如以「鹿」這個符號把牠記下來，把這個符號的記憶帶回社群裡告訴大家：「我看到一隻鹿了！」才更能把重要的體驗與夥伴們分享。

不管擁有多優異的照像式記憶能力，也沒辦法把那個體驗與他者共享。因此人類在演化出語言的過程裡，失去了瞬間的照像式記憶。至於為什麼必須放棄這個能力，因為腦容量有限的關係。

如果是電腦系統，當你想附加新功能時，只要增設新的模組上去就可以。但是，大腦容量卻是一開始就有其上限，所以必須捨棄什麼東西。我想，也許就和我們失去了優異的運動能力或嗅覺等一樣，我們是藉由放棄瞬間的照像式記憶能力，來換得符號、再現、語言等技能。

這個取捨發生在什麼時候？我猜測，大概是在二百五十萬年前，人屬動物出現的時代。人屬動物出現時，腦容量一口氣從原本的四百毫升增加到八百毫升，大概是在那個時候，開始了人類般的養兒育女方式，也開始石器的製作。所謂的「人類般的養兒育女方式」，指的是撫育過程中不是只有母親參與，而是由一位以上的成年人一同協助，讓母親同時撫育好幾個寶寶的育兒方式。因此，社群中的利他行為和彼此合作、角色分工成為必要，語言在這種情況下會有非常大的功能。因為有了語言以後，人們就能把瞬間看到的東西貼上標籤，如果那是「鹿」，就把「鹿」的認知帶回社群裡，把「那裡有一隻鹿！」「嘿，大家一起去抓吧！」的主旨傳遞給大家。

人，何以為人？人類擁有共同養兒育女的特性。

人，何以為人？人類是一種獲得了語言的動物。

我漸漸覺得，把「養兒育女」和「語言」結合起來的關鍵，是人類「資訊共享」的生活方式。

語言的本質，在於可以自由攜帶。能把資訊帶到其他地方，能把經驗帶到其他地方。這不就是語言在適者生存上的意義嗎？把經驗帶到別處，與其他人共享。這個優點，就是這個「記憶力和語言的取捨假說」的核心。

第八章

想像的力量

——會絕望，也有希望，這就是人類與黑猩猩的不同

「人，究竟是什麼？」我從各種不同的角度，思索了這個問題。也瞭解到小黑猩猩比起成年人類來，擁有更優異的記憶能力。那麼，讓人類與其他生物不同的最大特徵，到底是什麼？我漸漸覺得，那個終極的答案，也許就是想像力——想像的力量。

黑猩猩畫出來的畫，人類畫出來的畫

黑猩猩也會畫畫。讓他們選顏色，他們也會自己選出一些顏色來。首先請各位看一看黑猩猩們畫出來的畫。【圖61】中的(a)，是黑猩猩小愛畫的塗鴉，畫得很不錯，我很喜歡，我覺得那粗獷的筆觸，非常有味道。

(b)是一位名叫坎茲（Kanzi）的波諾波猿畫出來的畫，小愛的畫也是類似的感覺。(c)是大猩猩可可（譯注：一位學過手語的大猩猩）畫的，據聞可可看到這幅作品，會比出「花」的手語。(d)則是由名叫華秀（Washoe）的知名黑猩猩（譯注：第一位學習手語的黑猩猩）所繪的畫；我想，華秀畫完這幅畫後，應該也用手語表達了什麼吧。

但是這些畫，基本上都相同——黑猩猩不畫具體的東西。

即使不特別給予食物之類的獎勵，黑猩猩也會畫畫。如果事先在白紙上畫好一個圓，他

【圖61】黑猩猩、波諾波猿與大猩猩畫出來的畫：(a) 黑猩猩小愛，(b) 波諾波猿坎茲，(c) 大猩猩可可，(d) 黑猩猩華秀（圖片提供：a 松澤哲郎，b 蘇．沙維吉-藍保，c 法蘭辛．帕特森〔Francine Patterson〕，d 傅茨夫婦〔Roger & Deborah Fouts〕）

們也會在上面跟著描。到這裡為止，是我的研究結果。

接下來，當時的研究生齋藤亞矢小姐想到了一個非常有趣的實驗——既然他們會描圓形，那肖像畫呢？

所以，我們試著把黑猩猩的肖像畫拿給他們描。結果，他們果然會照著描臉部輪廓。我們用只有單眼的肖像畫、兩個眼睛都沒有的肖像畫、只有輪廓的肖像畫等各種版本，一共測試了七位黑猩猩。結果，他們基本上要不是隨便亂塗鴉，就是在上面跟著描輪廓（詳見【圖62(a)】）。

然而，如果把一模一樣的實驗給三歲二個月大的人類小孩做，他們會在輪廓裡畫上原本不在那裡的東西——會把眼睛畫進去。兩歲以前的人類小孩，和黑猩猩沒有太大的差異。但是長到三歲以後，就會畫出像【圖62(b)】般的畫。這究竟該怎麼解釋才好？

我的解釋是，也許，黑猩猩眼中看到的是「實際在

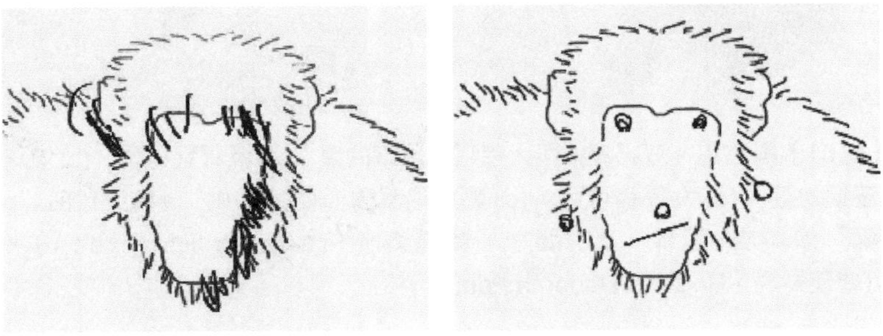

(a) 黑猩猩的畫作　　(b) 人類的畫作（3歲2個月）

【圖62】描畫的比較（照片提供：齋藤亞矢）

那裡的東西」，而另一方面，人類則會想到「那裡沒有的東西」。如果真是這樣，前一章提到的小黑猩猩表現出來的驚人記憶力，就不值得大驚小怪了。黑猩猩所注視的，是實際在自己眼前、就在那裡的東西。即使只有一瞬間，也確實出現在眼前了。那一瞬間，黑猩猩已經確實地用眼睛將其捕捉。人類則不是這樣，人類的思緒會馳騁到不在那裡的東西，說出：「圖上少了眼睛耶！」這可是非常大的不同。

黑猩猩不會絕望

想到這邊，不由得讓我想起另一件事情來。

二〇〇六年九月二十六日，靈長類研究所裡當時二十四歲的男性黑猩猩李奧（Leo），突然從頸部以下全身癱瘓，經診斷為急性脊髓炎。渡邊祥平、兼子明久、渡邊朗野、宮部貴子、林美里等年輕教授與獸醫、飼育員等，立刻組織研究生們，替李奧準備好全天二十四小時的看護體制。

拜這些年輕的志願者之賜，李奧的命好不容易保住了。可是，李奧一動也不能動。如此一來，結果就是染上嚴重的褥瘡。李奧的褥瘡，嚴重到腰部或膝部等地方的皮膚都潰爛、化膿，連骨頭也露了出來（詳見【圖63(a)】）。原本有五十七公斤的體重，瘦到剩下三十五公斤。看到他瘦成這樣，染上嚴重褥瘡、躺在床上一動也不能動的樣子，我覺得換做是我，我真的沒辦法忍受下去。

我想，我並不是沒辦法忍受身體上的痛苦，而是會覺得像這樣子活著，又有什麼意義呢？我到底會變成什麼樣子？我覺得，我大概無法對未來抱持任何希望，只是充滿著絕望感。

如果換作是我，我一定會失去活下去的勇氣；可是，李奧這位黑猩猩，即使處在這種情況下，也沒有任何改變——完全沒有任何沮喪的樣子。李奧很喜歡捉弄別人，還會在有人走到旁邊時，故意把含在嘴裡的水噴出射人。如果成功嚇得那個人大叫一聲逃走，就會覺得很高興。

可能因為上天保佑的關係，李奧的病情逐漸恢復，變得能用上肢拉起自己站立了（詳見【圖63(b)】），腳也能動了，能像企鵝一樣搖搖擺擺地走路。那持續復原的姿態，真是讓人高興。

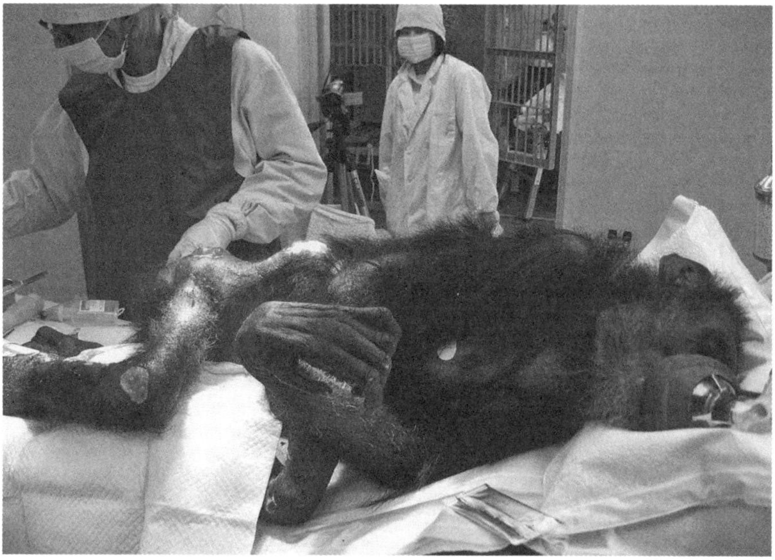

(a)完全癱瘓一動也不能動，接受看護中的李奧（2007年）

(b)已經能用上肢拉起自己站立（2008年）

【圖63】2006年9月時，頸部以下全身癱瘓的李奧的復原經過（照片提供：靈長類研究所）

想像的時空，多麼廣闊

看著李奧這個例子，突然間讓我想通了。人到底是什麼？人類和其他生物最大的不同，一定是在「想像」。我認為，「具有想像的力量」，正是人類最大的特徵。

黑猩猩活在「當下、眼前的世界」裡。也因為這樣，非常善於記憶眼前瞬間出現的數字。他們絕不會像人類一樣，考慮百年後的未來，或者緬懷百年前的歷史，關心住在地球另外半邊的那些人。

如果面對更短的時間軸或是空間範圍，黑猩猩當然也能想像。準備工具、出發去釣白蟻，或是在敲種子之前先調整底座石，讓它有個接近水平的敲擊面等等，在短的時間範圍內，黑猩猩當然也能預見未來。可是，那種推演未來的程度，並非是預期一年後能有收穫而去種田的那種想像。**黑猩猩與人類的DNA差異大約是一．二%，然而，黑猩猩想像的時間和空間幅度，和人類完全不同**——這是我姑且到目前為止的結論。

因為只活在眼前當下的世界，所以黑猩猩不會絕望。他們不會去想，「我到底會變成什麼樣子？」也許連明天的事情，他們都不會去煩心。

相對的，人類則很容易感到絕望。可是，在絕望的另一面，我們也擁有想像未來的力量。所以，人類會對未來懷抱希望——無論處在多麼艱困的情況下，都能抱持勇氣。

人，何以為人？那就是想像的力量。能夠發揮想像的力量、對未來擁有希望的生物，只有人類。

篇幅略長的終章

與演化的近親相依

我一直希望能完整理解黑猩猩這種生物，而不斷研究到現在。為了達到這個目標，我覺得我有必要把自己的人生，與黑猩猩的相伴。

「心中若沒有愛，無論羅列多美麗的辭藻，都無法在對方心裡激起共鳴。」我在這本書的序章裡，引用使徒保羅的書信〈哥林多前書〉十三章第一節：「我若能說萬人的方言，並天使的話語，卻沒有愛，我就成了鳴的鑼，響的鈸一般。」對自己的研究對象不抱持任何愛意的研究，有什麼意義？身為研究人員，必須對自己的研究對象在某種意義上有著深刻的愛，那種愛，會推進你的研究，而你的研究，則在那種愛意的支持下不斷繼續。

如果是這樣，那麼對於黑猩猩這個研究對象，除了研究以外，當然應該還有其他必須去做的事情。

如果是在野生棲息地裡，這件事就應該是積極推動保護黑猩猩的事宜。如果是在飼育環境中，就應該是去提升他們的福利，提高他們的生活水準。我覺得，只要你的研究對象是瀕臨滅絕危機的物種，那麼對他們的福利或保護全然沒有任何關心的研究，不可能存在。

飼育環境

前面提到過，京都大學靈長類研究所裡一共有十四位黑猩猩。自從一九七六年我來到研究所之後，到目前為止，我們已經漸漸建立一個包括三個黑猩猩家族的族群。這個建立族群的工作，至今仍在繼續。因為要黑猩猩自己單獨生活，實在是強人所難。

對黑猩猩而言最重要的一件事，就是生活在屬於他們的社群中。把一位黑猩猩單獨抽離群體、用於娛樂或商業目的，絕對是一件錯事。同樣的，我們也絕對不該讓黑猩猩孤單地自己生活。

模擬到遙遠的將來，要讓誰和誰生下小孩，要大致把族群的個體數保持在十五到二十位左右……這些事情，我都有在思考。最理想的男女比例其實應該在一比二左右，但在小集團的情況下進行模擬推演，無論如何最後都會變得接近一比一。

回顧一九六八年時，靈長類研究所裡的人，甚至還曾經拿童裝穿在最早來到所裡的黑猩猩靈子身上。現在想想實在很過分，靈子一開始是被養在一個大約一公尺立方的籠子裡面。我進入研究所之後，情況才改善成在廣大的運動場裡，能有一位黑猩猩自己在裡頭的情形。

一九八六年起，我開始遠赴非洲進行調查研究。以這件事為契機，我一直致力於所內的**環境豐富化**（environmental enrichment）。當時，所裡的黑猩猩運動場看起來相當煞風景，和非洲的森林相比之下，是沒有高度的空間，沒有立體空間供他們活動，相當寒酸。因此，負責飼育的熊崎清則於一九九二年和我一起到非洲進行實地觀察，我們有了共識，就為黑猩猩搭建了高塔。

在運動場上建立高塔後，原本只能在地面上步行的黑猩猩，開始爬上塔去。由於成效看來不錯，我們又多建了好幾座。

就像在第六章裡提到過的，後來我們在建造新設施時，一開始就把高塔設計在裡面，而且還在塔和塔中間用繩子連出很多索道，也在運動場裡做了用抽水馬達把水再抽回源頭的自動循環式小河。那是一九九五年的事。又因為那時候已經知道植樹也沒關係，所以也著手植樹。剛開始時只設計為八公尺的高塔，也在一九九八年再加高到幾近兩倍的十五公尺。

我的研究的進行，與讓這裡的飼育環境豐富化，成為一體兩面的事。也許這樣的嘗試在某種意義上受到了肯定，現在日本國內的十四所機構，以及英國、韓國等國家，也都漸漸地設計出具備這種高塔在內的飼育環境。

飼育在日本的黑猩猩、大猩猩與紅毛猩猩，每一種的數量都已越過高峰，開始下滑。現在，他們的個體數量分別為黑猩猩三百三十五位、大猩猩二十四位以及紅毛猩猩四十九位（二〇一〇年十二月資料）。大猩猩的狀況最糟糕，二十歲以下的大猩猩只剩下兩位，說實話，可說已經走到無論再怎麼努力，都不大可能有希望的情況了。黑猩猩則由於個體數還有三百三十五位，如果好好努力，應該還有可為。

然而，國內五十個黑猩猩飼育設施裡，個體數在三位以下的占了全體的約一半，而只飼育了兩位的設施，也有那種兩位都是男性，或是兩位都是女性的情況。如此一來，繁殖根本是天方夜譚。

因為這樣，所以我們舉辦了名為「支援亞洲、非洲大猿國際研討會」（SAGA，Support for African / Asian Great Apes），集合有志之士，開始進行保護大猿——大猩猩、黑猩猩與紅毛猩猩——的自然棲息地，以及改善日本國內飼育環境的活動。每年一次集合研究者、動物園相關人士、自然保護團體相關人士、官方人士、大眾傳播媒體以及一般民間人士，召開研討會。

事實上，一直到二〇〇六年十月為止，黑猩猩都還被用來當做醫學實驗的對象。因為C型肝炎、瘧疾、愛滋病、伊波拉出血熱等傳染病，只有人類跟黑猩猩會感染。既然不能拿人類來做實驗，所以能用來做實驗的只有黑猩猩。因為這樣的理由，就把黑猩猩拿來做所謂的感染實驗。目前全世界只有美國還在進行這樣的實驗。

一九九八年，有一家擁有一百二十位黑猩猩的製藥企業，打算進行C型肝炎的基因治療實驗。他們計畫讓原本健康的黑猩猩感染C型肝炎病毒，等到肝炎發作，再進行基因治療。SAGA則對該機構提出反對做如此實驗的請求。花費了八年時間，總算廢絕了這種醫學上的侵入性實驗。

然而實驗一旦中止，原本用於醫學實驗、已無處可去的剩餘黑猩猩，便不知如何是好。因此，京都大學接下飼育場的營運，進行黑猩猩的族群建立，將他們重新安置到日本的動物園。透過把一些黑猩猩送給原本只有一、兩位的動物園，逐漸減少剩餘個體。伊谷原一先生、鵜殿俊史先生、森村成樹先生、藤澤道子小姐，一直在進行種種相關的努力。

二〇一〇年十一月三十日時，最終決定把剩下的所有設施、全數黑猩猩，都捐贈給京都大學。京都大學也接下所有的責任，預計自二〇一一年八日一日起，以京都大學野生動物研究中心（當時所長為伊谷原一）的「宇土黑猩猩之家」（CSU，Chimpanzee Sanctuary Uto）之新名稱，全新出發。（譯注：宇土黑猩猩之家目前更名為京都大學野生動物研究中心熊本之家〔The Kumamoto Sanctuary〕）

我希望生活在日本國內的三百三十五位黑猩猩，未來都能過著幸福的日子。我們將繼續朝著那樣的將來努力。

野外環境

在野生的棲息地裡，無論是黑猩猩、大猩猩或紅毛猩猩，都面臨數量愈來愈少的危機。原因有三：

首先，是**森林砍伐**。這會造成他們無處棲身、食物減少，所以數量降低。非洲當地仍用火耕，居民會不斷砍伐森林、放火燒成田地。但這影響還算小。造成重大影響的，是以歐美或日本等資本為背景、大規模採伐森林的的巨型木材公司。日本的木材主要來自東南亞或北美地區，歐洲則主要由非洲進口木材，做為紙或建築的材料使用。

第二個原因，是**盜獵**。黑猩猩或大猩猩會被獵來當食物吃掉。紅毛猩猩則因為會進入大規模油棕櫚種植場造成破壞，所以遭到射殺。以非洲而言，大象會最先消失，然後是大猩猩，再來就是黑猩猩。總而言之，就是從體積大的動物開始滅絕——因為那是免費就能拿到手的肉。

博蘇在這三十五年之間，曾經發生過兩次黑猩猩因為誤入一種用來捕捉小動物的鐵絲陷阱而受傷的意外。只要不小心觸動那種陷阱，被壓在地上的樹枝就會彈起，把鐵絲捲到獵物的手或腳上，深深嵌入肌肉裡。想想看，是鐵絲嵌進肉裡啊……光想就覺得痛徹心扉。二○○九年那次意外，造成五歲的黑猩猩小女孩喬雅（Joya）的中指、無名指和小指被鐵絲捲繞，小指前端因此被切斷。

第三個是**疾病、傳染病**。只要是人類會罹患的疾病，黑猩猩也都會得到。村子裡一旦流行小兒麻痺，黑猩猩也會受到感染，黑猩猩一旦罹患伊波拉病毒（Ebola）出血熱，也會傳染給人類。所有的疾病，都會在人與黑猩猩之間雙向傳染。

綠色走廊

博蘇的黑猩猩族群，分別在二○○七年和二○○九年有了新生命。二○○九年出生的喬德雅蒙在還來不及過一歲生日就死亡，使族群個體數降到剩下十三位。但出生於二○○七年的佛朗雷，現在也還在健康地長大。可是，好像哪裡怪怪的……。仔細觀察，發現他多了一隻手指，手指共有六隻（詳見【圖64】）。

我們已經知道，人類會有許多原因導致多指症的產生，其中一個原因，就是近親繁殖。

在我觀察的這二十五年間，並沒有任何在其他地方出生的女性黑猩猩移居到博蘇的黑猩猩族群裡來。恐怕，這個族群內的血緣已經太相近了。

博蘇這個黑猩猩棲息地的東側，有一座名列世界自然遺產的山峰，名叫寧巴山。那裡也有黑猩猩棲息。以生活面積推測，估計應該有三百位左右在那個族群裡。我們自一九九七年起，就開始了**綠色走廊計畫**（Green Corridor Project）——在博蘇與寧巴山之間的稀樹草原植林，以連接起這兩個棲息地。只要棲息地能連接起來，這兩個黑猩猩社群就可望相互交流。這是我與哈姆雷（Tatyana Humle）小姐、大橋岳先生以及森村成樹先生等人共

【圖64】出生於2007年的佛朗雷，有六隻手指。（照片由竹谷俊之攝，朝日新聞社提供）

同努力策畫而成。

綠色走廊計畫是先培育樹苗，再把樹苗拿到稀樹草原種植。種植時，會用汽車載運一種聚丙烯製成、名為**植物生長保護管**（Hexatube）的保護管過去。保護管若由正上方看下去，管口呈六角形；能保持溫度與濕度穩定、防止山羊或綿羊啃食樹苗，並避免樹苗被風吹倒。我們一共插了三千五百支這種東西。當樹苗確實紮根以後，每年會以超過一．四公尺的速度迅速長大。

我們從一九九七年開始做這件事，讓部分區域恢復成森林。那是由我們每隔五公尺種下的一棵異態木（*Uapaca*），以及風或鳥類運來的種子發芽長大而形成的森林。

然而，二〇〇七年一月四日，發生了草原大火。因為是乾燥的稀樹草原，火勢一發不可收拾，一下子就開始全面延燒。野火的起因有兩種，一種是自然原因而起，另一種則是因為有人惡意放火而起。

只好一切重來。我們把原本十公尺寬的防火帶加寬到二十公尺，一切再重新來過。畢竟，堅持不懈、永不放棄，比什麼都重要。

我們不只用樹苗栽植，也用插枝方式栽種，這是大橋岳先生想到的點子。非洲居民為了防止小動物進入田地裡，會用樹枝製成圍籬，保護田地。仔細觀察那些圍籬，會發現有些樹枝紮了根，長了葉！由於從過去經驗中已經知道插枝會有效，所以我們調查了許多樹種，瞭解到一種叫做**太平洋溫桲**（*Spondias cytherea*）的漆樹，插枝成功率很高。於是我們插枝插了一千五百二十三枝，一個月後，其中的五十八・五％——總共八百九十一枝——順利紮了根。

我們又下了另一番工夫。如果先培育出樹苗、再把它們拿去稀樹草原種，小樹很快就會乾枯。說起來理所當然。每天辛勤澆水、用心照顧的樹苗，體質自然虛弱，一旦移植到大太陽底下的稀樹草原，即使有植物生長保護管的保護，枯死的還是很多。因此大橋先生想到我們應該改變想法，一開始就把樹苗種在稀樹草原裡，讓它們在那邊自行生長。所以我們搭起許多棚子，在棚子底下栽種樹苗。剛開始原本空無一物的地方，現在已經漸漸恢復成小小的樹林了。

這些植樹工作以外，我們也推動衛生間（盥洗室）的建造。博蘇村每隔幾年會有一次霍亂流行，每次流行就有三、四名村人因此死亡。因為沒有衛生間，村人總是到森林裡大小便。由於黑猩猩會在人類大小便之後經過那些地方，無可避免地會導致疾病傳染。我們曾經調查過博蘇黑猩猩的腸內細菌叢，知道他們的體內實在不算乾淨。許多和人類腸內細菌相同的菌種，在他們體內也都有。我們總共在二十三個地點建造了衛生間——其中一半是來自英國大使的捐款。之所以能有這樣的緣分，是因為我們接納了劍橋大學學生研究員到此研究的緣故。

這裡的小學也不夠。綠色走廊另一頭的聖林巴拉村（Seringbara），是個沒有小學的村子。那裡的孩子必須走四公里，到博蘇村上學。為了改善這樣的狀況，我們建了一所小學。籌足大約三十萬日圓，就能蓋一間有三個教室的小學。只要購買鍍鋅波浪鐵皮屋頂、水泥、釘子、門和窗子，其他就是把土曬乾做成泥磚，由村人合力蓋起校舍。

二〇〇九年時，我帶著摯友松林公藏一起去了一趟博蘇。松林教授是開創「田野醫學」（Field Medicine）這個新學門的人物。身為醫學博士的松林教授專攻老人病學與老化，而他的研究方式，不是請老人來醫院，而是由醫生親自去拜訪老人居住的場所。他研究的，就是像這樣的學問。對於住在這種距離首都超過一千公里的偏遠地區村民而言，醫生是最渴望的存在。我們請像松林教授這樣的人來到這裡，儘可能獲得當地村民的幫助，以全軍出擊的方式，推進保護黑猩猩以及他們所棲息的森林的活動。

為了讓人們瞭解這些活動，我們用法文、英文、日文製作了宣傳小冊，對大眾進行募款。幾內亞共和國裡共有十個部族、十種語言。由於過去曾經是法國殖民地，因此公用語是法語。但是，小學生並不懂法文，所以對當地居民，我們是拿著小冊子、用當地的瑪儂語說明給他們聽。我們也為此製作了繪本。我也在當地的國中課堂上，親自用不怎麼靈光的法語加上錄影帶，對他們進行環境教育。

非洲的孩子們都擁有清澈的眼神，眼中散發著光輝（詳見【圖65】）。父母親也對教育非常重視。因此我相信，只要持續進行這樣的努力，非洲也會有美好的將來。肩負起下一個時代的年輕人，就從非洲開始培育起。他們將守護森林、守護黑猩猩。

但願我能一邊描繪著那樣的未來，一直進行對黑猩猩的研究。

二〇〇九年底到二〇一〇年初，我如同往年一樣，去了一趟博蘇。以往總是會

【圖65】博蘇村的孩子們（松澤哲郎攝）

帶著學生一起參與，但這一趟我在即將出發前，取消了學生和媒體的同行。

那是因為，在該次行程的一年前，君臨幾內亞共和國長達二十四年的獨裁者孔戴（Lansana Conte）總統過世，隨即發生和平政變。政治實權落入軍方手上，卡馬拉（Moussa Dadis Camara）上尉出任臨時總統。二〇〇九年十二月三日，卡馬拉頭部遭到槍擊受了重傷。要在這種情勢下帶學生過去，也實在強人所難。所以我就自己一個人過去了。

自己一個人去的話，我還算有把握能照顧好自己。而且就算真的發生什麼不幸的事，影響也不大。已經好久沒有在博蘇過著只有蠟燭的生活了。在那裡，我一邊觀察黑猩猩，一邊又忍不住地去照顧那些樹，就這樣渡過了每一天。

綠色走廊的原始構想，就是想種出一片寬三百公尺、長達四公里的森林綠地。如果每隔五公尺種一棵樹，總共需要四萬八千棵。我們每年準備了八千到一萬棵左右的樹，不斷地種植。由於存活率只有二十五%左右，所以平均四棵樹裡頭，會有三棵枯死。如果不種上四萬八千棵的四倍——約二十萬棵樹，就無法形成想要的森林綠地。

數學上可以這樣計算。但實際情況是，不管我們怎麼努力種植，都會遇到草原大火，讓森林被野火燒盡。

希臘神話裡，有一個悲劇人物名叫西西佛斯（Sisyphus）。他被懲罰不斷推著一塊巨石上山，每當快要抵達山頂時，巨石就又滾落山下，這樣周而復始，永無結束之日。「我們在做的事情，簡直就像西西佛斯神話，不是嗎？」我一邊在心裡這樣想著，一邊還是繼續種樹。

有一本我很喜歡的書，叫做*The Man Who Planted Trees*（繁體中文版名為《種樹的男人》，格林文化、晨星與時報出版等數家出版社均有出版），內容是一位孤獨的老人，自己一個人拿著手杖，每天種下一百顆橡實。漫長的歲月過去後，這些橡實終於長成森林，讓枯瘠的南法艾克斯普羅旺斯大地，重新獲得了生機。我很喜歡這個故事。總之，只要把一棵一棵的樹，一直種下去就好。

我相信只要我們永不放棄，總有一天，非洲的稀樹草原也會成為綠意盎然的森林吧。

本書日文版版稅，全額捐贈予「綠色走廊計畫」。

您也可以在網路上搜尋**緑の回廊　チンパンジー**（綠色走廊　黑猩猩），

到這個計畫的網站一訪。

這個計畫，需要植樹的資金。

如果您願意協助這個計畫，請將捐款匯至以下帳戶：

　日本郵局（ゆうちょ銀行）

　匯款帳號（振替口座）：00830-1-55432

　戶名（口座名）：緑の回廊

結語

這本書，我當成自己的遺作在寫。

口出這種驚人之語，著實令我相當難為情。但這本書，我真的是以這樣的心情在執筆。至今為止，無論日文或英文，我寫過的著作、論文不知有多少，每一冊、每一篇也都有著我深刻的回憶。但是沒有任何一本，讓我投入了這麼深厚的感情。

我的人生，已經邁入耳順之年。感到上天讓我走的路，其責任有多麼重大。因為，我的生命都源自於其他生命的奉獻；我也想把自己在這段人生裡所成就的事，在這個世界留下些什麼——畢竟黑猩猩的心智研究能夠成立，是受到許許多多人們的幫助。

我想在結語裡，記錄下本書誕生的過程。

二〇〇〇年時，小愛生下了兒子小步，讓黑猩猩的心智研究從此進入了一個新的紀元。

自那時起的研究狀況，都以連載的方式刊登在岩波書店的《科學》月刊（科学），公布給全世界。這些由共同研究者們每個月輪流執筆的文章，也已經邁向第一百回。為了記念，我們彙編了《人，何以為人？——黑猩猩研究所告訴我們的事》（岩波書店出版，二〇一〇年）這本書。

《人，何以為人？》是本書的姐妹作，作者多達五十四人。讀者能從這本書裡，瞭解到黑猩猩心智研究的多元擴展。

相對於那本姐妹作，本書則是我以自己一個人的觀點，只選用我自己有深入參與的研究當素材，試著回答「人，**究竟是什麼？**」這個問題。

意識到自己已經步入耳順之年的六十歲，我就自覺地開始進行準備。很幸運地，透過演講或授課，我有很多機會能把自己得到的研究成果或獨創的想法傳達給大家。在這些過程裡，我不斷地下工夫，把自己所感、所得之事，以完整的方式傳達——而非只是切割出一個識見的斷片。

心智、**語言**、**情感**，是本書應該觸及的主題。在本書裡，我努力把從黑猩猩身上學到的關於人類的本性一事，用具有整體觀的完整故事方式，講給各位讀者聽。

二〇〇九年年初，我的舊識——北海道大學的松島俊也教授，邀請我一年後到那裡舉辦一系列密集課程。「啊，就是它了！」我馬上這麼想。在那個時點，我就決定要以該課程的內容紀錄，寫出這本書。當時，就連出版社都還沒決定，卻先決定要寫書。

後來，因為緣分，由岩波書店的濱門麻美子小姐接下了本書的編輯。

因此，我請她來參加二〇〇九年十月四日於東京大學舉辦的捐助講座——比較認知發展（Benesse）研究部門的演講會。

在那裡我告訴她，我想寫一本像這樣的內容的書，希望她能幫忙。

我用演講的方式，把相當於本書概要的故事內容，介紹給身為當天聽眾之一的濱門小姐聽。

二〇一〇年一月二十八日和二十九日，我在北海道大學舉辦了理學部密集課程與公開講座。我用PowerPoint做出詳細的授課講義，濱門小姐則把所有的內容都錄音下來。以那些紀錄為基礎，這本書就此誕生。

另外，在本書中所提到的研究，其學術論文清單均列示於岩波書店網站*。有興趣的讀

---

* 岩波書店：http://www.iwanami.co.jp/moreinfo/0056170/img/bibliography_201102.pdf。或經濟新潮社部落格：http://ecocite.pixnet.net/blog

者，請務必參考（編按：詳見參考文獻）。

最後，我想表達我的感謝。

成為本書基礎的研究，經費全是來自日本文部科學省與獨立行政法人日本學術振興會所提供的科學研究費（簡稱科研費）。尤其自一九九五年度開始，我們以「特別推進研究」之名，接受了連續四期的補助。若是沒有此等國家經費的支援，我想，本書的研究不可能實現。有了這樣的協助，我才能在非洲和日本，雙邊全力解開黑猩猩完整的內在心智之謎。

我想對友永雅己、田中正之、林美里、足立幾磨、伊村知子、平田聰、山本真也諸位夥伴表達感謝。他們是京都大學靈長類研究所的思考語言領域、國際共同尖端研究中心、比較認知發展研究部門、波諾波猿研究部門這四個我有參與的部門的副教授或助理教授。在現實生活裡身為共同研究者的他們，各以不同的角度從事獨特的黑猩猩研究。沒有他們每天的幫忙與協助，我不可能一邊教學與研究，一邊擔任所長的職務。

一年三百六十五天每天照顧黑猩猩的飼育員或獸醫師、輔助我們做研究的技術職員與事務職員等，也是不可忘記的存在。受限於篇幅，我無法把所有人的名字都列舉進來，只好以其中一位——我的祕書酒井道子小姐——為代表，表達我誠摯的感謝。酒井小姐多年來善盡祕書之責，即使面對每年不斷增加的事務，仍給我最大的協助。

在非洲的研究，則要感謝幾內亞共和國高等教育科學研究部的協助。我們與該研究部負責管轄、由阿里・卡斯柏・索馬（Aly Gaspard Soumah）擔任所長的博蘇環境研究院，一起進行共同研究。我也想對塔恰娜・哈姆雷、朵拉・畢洛、克勞蒂亞・索瑟等一同推進野外研究國際化的共同研究者，表達我的感謝之情。此外，還要對長年間一直對我們照顧有加的當地日本大使館各位歷任大使與館員，表示最大的謝忱。

深深感謝本書編輯岩波書店的濱門麻美子小姐，對本書如此盡心奉獻。

最後，雖然在著作裡從來沒有提到過他們，但我想特別對一起走過如此人生歲月的妻子，以及現在已獨立生活的兩個孩子們，致上我的感謝。

二〇一一年一月

松澤哲郎

參考文獻

【英文】

Adachi, I., Kuwahata, H., Fujita, K., Tomonaga, M. & Matsuzawa, T. (2006). Japanese macaques form a cross-modal representation of their own species in their first year of life. *Primates*, 47, 350-354.

Adachi, I., Kuwahata, H., Fujita, K., Tomonaga, M. & Matsuzawa, T. (2009). Plasticity of ability to form cross-modal representations in infant Japanese macaques. *Developmental Science*, 12, 446-452.

Anderson, J., Myowa-Yamakoshi, M. & Matsuzawa, T. (2004). Contagious yawning in chimpanzees. *Biology Letters (The Royal Society)* , 271, S468-S470.

Bard, K., Myowa-Yamakoshi, M., Tomonaga, M., Tanaka, M., Costal, A. & Matsuzawa, T. (2005). Group differences in the mutual gaze of chimpanzees (Pan troglodytes). *Developmental Psychology*, 41, 616-624.

Berlin, B. & Kay, P. (1969). *Basic color terms: Their universality and evolution*. University of California Press.

Biro, D., Humle, T., Koops, K., Sousa, C., Hayashi, M. & Matsuzawa, T. (2010). Chimpanzee mothers at Bossou,

Guinea carry the mummified remains of their dead infants. *Current Biology*, 20(8), R351-352.

Biro, D., Inoue-Nakamura, N., Tonooka, R., Yamakoshi, G., Sousa, C. & Matsuzawa, T. (2003). Cultural innovation and transmission of tool use in wild chimpanzees: Evidence from field experiment. *Animal Cognition*, 6, 213-223.

Biro, D. & Matsuzawa, T. (1999). Numerical ordering in a chimpanzee (Pan troglodytes): Planning, executing, monitoring. *Journal of Comparative Psychology*, 113(2), 178-185.

Biro, D. & Matsuzawa, T. (2001). Use of numerical symbols by the chimpanzee (Pan troglodytes): Cardinals, ordinals, and the introduction of zero. *Animal Cognition*, 4, 193-199.

Boesch, C. (1994). Cooperative hunting in wild chimpanzees. *Animal Behaviour*, 48, 653-667.

Carvalho, S., Biro, D., McGrew, W. C. & Matsuzawa, T. (2009). Tool-composite reuse in wild chimpanzees (Pan troglodytes): Archaeologically invisible steps in the technological evolution of early hominins? *Animal Cognition*, 12, S103-S114.

Carvalho, S., Cunha, E., Sousa, C. & Matsuzawa, T. (2008). Chaines operatoires and resource-exploitation strategies in chimpanzee (Pan troglodytes) nut cracking. *Journal of Human Evolution*, 55, 148-163.

The Chimpanzee Sequencing and Analysis Consortium (2005). Initial sequence of the chimpanzee genome and comparison with the human genome. *Nature*, 437, 69-87.

Crast, J., Fragaszy, D., Hayashi, M. & Matsuzawa, T. (2009). Dynamic in-hand movements in adult and young juvenile chimpanzees (Pan troglodytes). *American Journal of Physical Anthropology*, 138, 274-285.

De Waal, F. (2001). *The ape and the sushi master*. Basic Books.

Emery-Thompson, M., Jones, J., Pusey, A., Brewer-Marsden, S., Goodall, J., Matsuzawa, T., Nishida, T., Reynolds, V., Sugiyama, Y. & Wrangham, R. (2007). Aging and fertility patterns in wild chimpanzees provide insights into the evolution of menopause. *Current Biology*, 17, 2150-2156.

Ferrari, P., Paukner, A., Ionica, C. & Suomi, S. (2009). Reciprocal face-to-face communication between rhesus macaque mothers and their newborn infants. *Current Biology*, 19, 1768-1772.

Fujita, K. & Matsuzawa, T. (1990). Delayed figure reconstruction by a chimpanzee (*Pan troglodytes*) and humans (*Homo sapiens*). *Journal of Comparative Psychology*, 104, 345-351.

Goodall, J. (1986). *The chimpanzees of Gombe: Patterns of behavior*. Harvard University Press.

Hamada, Y. & Udono, T. (2006). Understanding the growth pattern of chimpanzees: Does it conserve the pattern of the common ancestor of humans and chimpanzees? In: Matsuzawa, T., Tomonaga, M. & Tanaka, M. (eds.), *Cognitive development in chimpanzees*, pp. 96-112, Springer.

Hawkes, K., O·Connell, J., Blurton-Jones, N., Alvarez, H. & Charnov, E. (1998). Grandmothering, menopause, and the evolution of human life histories. *Proceedings of the National Academy of Sciences of the USA*, 95, 1336-1339.

Hayashi, M. (2007a). Stacking of blocks by chimpanzees: Developmental processes and physical understanding. *Animal Cognition*, 10, 89-103.

Hayashi, M. (2007b). A new notation system of object manipulation in the nesting-cup task for chimpanzees and humans. *Cortex*, 43, 308-318.

Hayashi, M. & Matsuzawa, T. (2003). Cognitive development in object manipulation by infant chimpanzees. *Animal Cognition*, 6, 225-233.

Hayashi, M., Mizuno, Y. & Matsuzawa, T. (2005). How does stone-tool use emerge? Introduction of stones and nuts to naive chimpanzees in captivity. *Primates*, 46, 91-102.

Hayashi, M., Sekine, S., Tanaka, M. & Takeshita, H. (2009). Copying a model stack of colored blocks by chimpanzees and humans. *Interaction Studies*, 10, 130-149.

Hayashi, M., Takeshita, H. (2009). Stacking of irregularly shaped blocks in chimpanzees (Pan troglodytes) and young humans (Homo sapiens). *Animal Cognition*, 12, S49-S58.

Hill, K. & Hurtado, A. (1996). *Ache life history: The ecology and demography of a foraging people*. Aldine de Gruyter.

Hirata, S. & Celli, M. (2003). Role of mothers in the acquisition of tool-use behaviours by captive infant chimpanzees. *Animal Cognition*, 6, 235-244.

Hirata, S. & Matsuzawa, T. (2001). Tactics to obtain a hidden food item in chimpanzee pairs (*Pan troglodytes*). *Animal Cognition*, 4, 285-295.

Hirata, S., Morimura, N. & Houki, C. (2009). How to crack nuts: Acquisition process in captive chimpanzees (*Pan troglodytes*) observing a model. *Animal Cognition*, 12, S87-S101.

Hirata, S., Myowa, M. & Matsuzawa, T. (1998). Use of leaves as cushions to sit on wet ground by wild chimpanzees. *American Journal of Primatology*, 44, 215-220.

Hirata, S., Yamakoshi, G., Fujita, S., Ohashi, G. & Matsuzawa, M. (2001). Capturing and toying with hyraxes (Dendrohyrax dorsalis) by wild chimpanzees (Pan troglodytes) at Bossou, Guinea. American Journal of Primatology, 53(2), 93-97.

Hockings, K. J. (2009). Living at the interface: Human-chimpanzee competition, coexistence and conflict in Africa. *Interaction Studies*, 10, 183-205.

Hockings, K. J., Anderson, J. R. & Matsuzawa, T. (2006). Road crossing in chimpanzees: A risky business. *Current Biology*, 16(17), R668-670.

Hockings, K. J., Anderson, J. R. & Matsuzawa, T. (2009). Use of wild and cultivated foods by chimpanzees at Bossou, Republic of Guinea: Feeding dynamics in a human-influenced environment. *American Journal of Primatology*, 71, 1-11.

Hockings, K., Humle, T., Anderson, J., Biro, D., Sousa, C., Ohashi, G. & Matsuzawa, T. (2007). Chimpanzees share forbidden fruit. *PLoS ONE*, Issue 9, 1-4.

Howell, N. (1979). *Demography of the Dobe !Kung*. Academic Press.

Humle, T. & Matsuzawa, T. (2001). Behavioural diversity among the wild chimpanzee populations of Bossou and neighbouring areas, Guinea and Cote d•Ivoire, West Africa. *Folia Primatologica*, 72(2), 57-68.

Humle, T. & Matsuzawa, T. (2002). Ant-dipping among the chimpanzees of Bossou, Guinea, and some comparisons with other sites. *American Journal of Primatology*, 58(3), 133-148.

Humle, T. & Matsuzawa, T. (2004). Oil palm use by adjacent communities of chimpanzees at Bossou and Nimba Mountains, West Africa. *International Journal of Primatology*, 25(3), 551-581.

Humle, T. & Matsuzawa, T. (2009). Laterality in hand use across four tool-use behaviors among the wild chimpanzees of Bossou, Guinea, West Africa. *American Journal of Primatology*, 70, 40-48.

Humle, T., Snowdon, C. T. & Matsuzawa, T. (2009). Social influences on ant-dipping acquisition in the wild chimpanzees (Pan troglodytes verus) of Bossou, Guinea, West Africa. *Animal Cognition*, 12, S37-S48.

Idani, G. (1991). Social relationships between immigrant and resident bonobos (Pan paniscus) females at Wamba. *Folia Primatologica*, 57, 83-95.

Inoue, S. & Matsuzawa, T. (2007). Working memory of numerals in chimpanzees. *Current Biology*, 17, R1004-R1005.

Inoue, S. & Matsuzawa, T. (2009). Acquisition and memory of sequence order in young and adult chimpanzees (Pan troglodytes). *Animal Cognition*, 12, S59-S69.

Inoue-Nakamura, N. & Matsuzawa, T. (1997). Development of stone tool use by wild chimpanzees (Pan troglodytes). *Journal of Comparative Psychology*, 111(2), 159-173.

Itakura, S. & Matsuzawa, T. (1993). Acquisition of personal pronouns by a chimpanzee. In: Roitblat, H., Herman, L. & Nachtigall, P. (eds.), *Language and communication: Comparative perspectives*, pp. 347-262, Lawrence Erlbaum.

Iversen, I. & Matsuzawa, T. (1996). Visually guided drawing in the chimpanzee (Pan troglodytes). Japanese

Psychological Research, 38(3), 126-135.

Iversen, I. & Matsuzawa, T. (2003). Development of interception of moving targets by chimpanzees (Pan troglodytes) in an automated task. *Animal Cognition*, 6(3), 169-183.

Kano, T. (1992). *The last ape: Pygmy chimpanzee behavior and ecology*. Stanford University Press.

Kawai, N. & Matsuzawa, T. (2000). Numerical memory span in a chimpanzee. *Nature*, 403, 39-40.

Kawakami, K., Takai-Kawakami, K., Tomonaga, M., Suzuki, J., Kusaka, F. & Okai, T. (2006). Origins of smile and laughter: A preliminary study. *Early Human Development*, 82, 61-66.

Kawakami, K., Takai-Kawakami, K., Tomonaga, M., Suzuki, J., Kusaka, F. & Okai, T. (2007). Spontaneous smile and spontaneous laugh: An intensive longitudinal case study. *Infant Behavior and Development*, 30, 146-152.

Koops, K., Humle, T., Sterck, E. & Matsuzawa, T. (2007). Ground-nesting by the chimpanzees of the Nimba Mountains, Guinea: Environmentally or socially determined? *American Journal of Primatology*, 69, 407-419.

Koops, K. & Matsuzawa, T. (2006). Hand clapping by a chimpanzee in the Nimba Mountains, Guinea, West Africa. *Pan Africa News*, 13, 19-20.

Koops, K., McGrew, W. & Matsuzawa, T. (2010). Do chimpanzees (Pan troglodytes) use cleavers and anvils to fracture Treculia africana fruits? Preliminary data on a new form of percussive technology. *Primates*, 51, 175-178.

Kuwahata, H., Adachi, I., Fujita, K., Tomonaga, M. & Matsuzawa, T. (2004). Development of schematic face preference in macaque monkeys. *Behavioural Processes*, 66(1), 17-21.

Lonsdorf, E., Ross, S. & Matsuzawa, T. (2010). *The mind of the chimpanzee: Ecological and experimental perspectives*. The University of Chicago Press.

Martinez, L. & Matsuzawa, T. (2009a). Visual and auditory conditional position discrimination in chimpanzees (Pan troglodytes). *Behavioural Processes*, 82, 90-94.

Martinez, L. & Matsuzawa, T. (2009b). Auditory-visual intermodal matching based on individual recognition in a chimpanzee (Pan troglodytes). *Animal Cognition*, 12, S71-S85.

Matsuno, T., Kawai, N. & Matsuzawa, T. (2004). Color classification by chimpanzees (Pan troglodytes) in a matching-to-sample task. *Behavioural Brain Research*, 148(1-2), 157-165.

Matsuzawa, T. (1985a). Use of numbers by a chimpanzee. *Nature*, 315, 57-59.

Matsuzawa, T. (1985b). Colour naming and classification in a chimpanzee (Pan troglodytes). *Journal of Human Evolution*, 14, 283-291.

Matsuzawa, T. (1990). Form perception and visual acuity in a chimpanzee. *Folia Primatologica*, 55, 24-32.

Matsuzawa, T. (1991). The duality of language-like skill in a chimpanzee (Pan troglodytes). In: Ehara, A., Kimura, T., Takenaka, O. & Iwamoto, M. (eds.), *Primatology today*, pp. 317-320, Elsevier.

Matsuzawa, T. (1991). Nesting cups and meta-tool in chimpanzees. *Behavioral and Brain Sciences*, 14(4), 570-571.

Matsuzawa, T. (1994). Field experiment on use of stone tools by chimpanzees in the wild. In: Wrangham, R., de Waal, F., McGrew, W. & Heltne, P. (eds.), *Chimpanzee cultures*, pp. 351-370, Harvard University Press.

Matsuzawa, T. (1996). Chimpanzee intelligence in nature and in captivity: Isomorphism of symbol use and tool use.

In: McGrew, W. C., Marchant, L. F. & Nishida, T. (eds.), *Great Ape Societies*, pp. 196-209, Cambridge University Press.

Matsuzawa, T. (1997). The death of an infant chimpanzee at Bossou, Guinea. *Pan Africa News*, 4(1), 4-6.

Matsuzawa, T. (1998). Chimpanzee behavior: Comparative cognitive perspective. In: Greenberg, G. & Haraway, M. (eds.), *Comparative psychology: A handbook*, pp. 360-375, Garland Publishers.

Matsuzawa, T. (1999). Communication and tool use in chimpanzee: Cultural and social contexts. In: Hauser, M. & Konishi, M. (eds.), *The design of animal communication*, pp. 645-671, The MIT Press.

Matsuzawa, T. (ed.) (2001). *Primate origins of human cognition and behavior*. Springer.

Matsuzawa, T. (2001). Primate foundations of human intelligence: A view of tool use in nonhuman primates and fossil hominids. In: T. Matsuzawa (ed.), *Primate origins of human cognition and behavior*, pp. 3-25, Springer.

Matsuzawa, T. (2003). The Ai project: Historical and ecological contexts. *Animal Cognition*, 6, 199-211.

Matsuzawa, T. (2006a). Sociocognitive development in chimpanzees: A synthesis of laboratory work and fieldwork. In: Matsuzawa, T., Tomonaga, M. & Tanaka, M. (eds.), *Cognitive development in chimpanzees*, pp. 3-33, Springer.

Matsuzawa, T. (2006b). Evolutionary origins of the human mother-infant relationship. In: Matsuzawa, T., Tomonaga, M. & Tanaka, M. (eds.), *Cognitive development in chimpanzees*, pp. 127-141, Springer.

Matsuzawa, T. (2006c). Bossou 30 years. *Pan Africa News*, 13, 16-19.

Matsuzawa, T. (2007). Comparative cognitive development. *Developmental Science*, 10, 97-103.

Matsuzawa, T. (2009). Symbolic representation of number in chimpanzees. *Current Opinion in Neurobiology*, 19, 92-98.

Matsuzawa, T. (2009b). Q & A: Tetsuro Matsuzawa. *Current Biology*, 19, R310-R312.

Matsuzawa, T. (2010). A trade-off theory of intelligence. In: Mareschal, D. et al. (eds.), *The making of human concepts*, pp. 227-245, Oxford University Press.

Matsuzawa, T., Biro, D., Humle, T., Inoue-Nakamura, N., Tonooka, R. & Yamakoshi, G. (2001).

Emergence of culture in chimpanzees: Education by master-apprenticeship. In: Matsuzawa, T. (ed.), *Primate origins of human cognition and behavior*, pp. 557-574, Springer.

Matsuzawa, T., Humle, T. & Sugiyama, Y. (2011). *Chimpanzees of Bossou and Nimba*. Springer.

Matsuzawa, T. & Kourouma, M. (2008). The green corridor project: Long-term research and conservation in Bossou, Guinea. In: Wrangham, R. & Ross, E. (eds.), *Science and conservation in African forests: The benefits of long-term research*, pp. 201-212, Cambridge University Press.

Matsuzawa, T. & McGrew, W. C. (2008). Kinji Imanishi and 60 years of Japanese Primatology. *Current Biology*, 18(14), R587-R591.

Matsuzawa, T., Sakura, O., Kimura, T., Hamada, Y. & Sugiyama, Y. (1990). Case report on the death of a wild chimpanzee (Pan troglodytes verus). *Primates*, 31(4), 635-641.

Matsuzawa, T., Tomonaga, M. & Tanaka, M. (eds.) (2006). *Cognitive development in chimpanzees*. Springer.

Matsuzawa, T. & Yamakoshi, G. (1996). Comparison of chimpanzee material culture between Bossou and Nimba,

West Africa. In: Russon, A., Bard, K. & Parker, S. (eds.), *Reaching into thought*, pp. 211-232, Cambridge University Press.

McGrew, W. C. (2004). *The cultured chimpanzee: Reflections on cultural primatology*. Cambridge University Press.

Miyabe-Nishiwaki, T., Kaneko, A., Nishiwaki, K., Watanabe, A., Watanabe, S., Maeda, N., Kumazaki, K., Morimoto, M., Hirokawa, R., Suzuki, J., Ito, Y., Hayashi, M., Tanaka, M., Tomonaga, M. & Matsuzawa, T. (2010). Tetraparesis resembling acute transverse myelitis in a captive chimpanzee (*Pan troglodytes*): Long-term care and recovery. *Journal of Medical Primatology*, 39, 336-346.

Mizuno, Y., Takeshita, H. & Matsuzawa, T. (2006). Behavior of infant chimpanzees during the night in the first 4 months of life: Smiling and suckling in relation to behavioral state. *Infancy*, 9(2), 215-234.

Möbius, Y., Boesch, C., Koops, K., Matsuzawa, T. & Humle, T. (2008). Cultural differences in army ant predation by West African chimpanzees? A comparative study of microecological variables. *Animal Behaviour*, 76, 37-45.

Morimura, N. & Matsuzawa, T. (2001). Memory of Movies by Chimpanzees (Pan troglodytes). *Journal of Comparative Psychology*, 115(2), 152-158.

Murai, C., Kosugi, D., Tomonaga, M., Tanaka, M., Matsuzawa, T. & Itakura, S. (2005). Can chimpanzee infants (Pan troglodytes) form categorical representations in the same manner as human infants (Homo sapiens)? *Developmental Science*, 8(3), 240-254.

Myowa-Yamakoshi, M. & Matsuzawa, T. (1999). Factors influencing imitation of manipulatory actions in chimpanzees (Pan troglodytes). *Journal of Comparative Psychology*, 113(2), 128-136.

Myowa-Yamakoshi, M. & Matsuzawa, T. (2000). Imitation of intentional manipulatory actions in chimpanzees (*Pan troglodytes*). *Journal of Comparative Psychology*, 114(4), 381-391.

Myowa-Yamakoshi, M., Tomonaga, M., Tanaka, M. & Matsuzawa, T. (2003). Preference for human direct gaze in infant chimpanzees (*Pan troglodytes*). *Cognition*, 89(2), 113-124.

Myowa-Yamakoshi, M., Tomonaga, M., Tanaka, M. & Matsuzawa, T. (2004). Imitation in neonatal chimpanzees (*Pan troglodytes*). *Developmental Science*, 7, 437-442.

Myowa-Yamakoshi, M., Yamaguchi, M., Tomonaga, M., Tanaka, M. & Matsuzawa, T. (2005). Development of face recognition in infant chimpanzees (*Pan troglodytes*). *Cognitive Development*, 20, 49-63.

Nakamura, M. & Nishida, T. (2004). Subtle behavioral variation in wild chimpanzees, with special reference to Imanishi's concept of *kaluchua*. *Primates*, 47, 35-42.

Okamoto, S., Tomonaga, M., Ishii, K., Kawai, N., Tanaka, M. & Matsuzawa, T. (2002). An infant chimpanzee (*Pan troglodytes*) follows human gaze. *Animal Cognition*, 5(2), 107-114.

Okamoto-Barth, S., Tomonaga, M., Tanaka, M. & Matsuzawa, T. (2008). Development of using experimenter-given cues in infant chimpanzees: Longitudinal changes in behavior and cognitive development. *Developmental Science*, 11(1), 98-108.

Sakura, O. & Matsuzawa, T. (1991). Flexibility of wild chimpanzee nut-cracking behavior using stone hammers and anvils: An experimental analysis. *Ethology*, 87, 237-248.

Shimada, M. K., Hayakawa, S., Fujita, S., Sugiyama, Y. & Saitou, N. (2009). Skewed matrilineal genetic composition in a small wild chimpanzee community. *Folia Primatologica*, 80, 19-32.

Sousa, C. & Matsuzawa, T. (2001). The use of tokens as rewards and tools by chimpanzees. *Animal Cognition*, 4, 213-221.

Sousa, C., Okamoto, S. & Matsuzawa, T. (2003). Behavioural development in a matching-to-sample task and token use by an infant chimpanzee reared by his mother. *Animal Cognition*, 6(4), 259-267.

Sugiyama, Y., Fushimi, T., Sakura, O. & Matsuzawa, T. (1993). Hand preference and tool use in wild chimpanzees. *Primates*, 34(2), 151-159.

Takeshita, H., Fragaszy, D., Mizuno, Y., Matsuzawa, T., Tomonaga, M. & Tanaka, M. (2005). Exploring by doing: How young chimpanzees discover surfaces through actions with objects. *Infant Behavior and Development*, 28, 316-328.

Takeshita, H., Myowa-Yamakoshi, M. & Hirata, S. (2009). The supine position of postnatal human infants: Implications for the development of cognitive intelligence. *Interaction Studies*, 10, 252-268.

Tanaka, M., Tomonaga, M. & Matsuzawa, T. (2003). Finger drawing by infant chimpanzees (*Pan troglodytes*). *Animal Cognition*, 6, 245-251.

Tomonaga, M. (2008). Relative numerosity discrimination by chimpanzees (*Pan troglodytes*): Evidence for approximate numerical representations. *Animal Cognition*, 11, 43-57.

Tomonaga, M., Itakura, S. & Matsuzawa, T. (1993). Superiority of conspecific faces and reduced inversion effect in face perception by a chimpanzee. *Folia Primatologica*, 61, 110-114.

Tomonaga, M. & Matsuzawa, T. (2002). Enumeration of briefly presented items by the chimpanzee (*Pan troglodytes*) and humans (*Homo sapiens*). *Animal Learning and Behavior*, 30(2), 143-157.

Tomonaga, M., Matsuzawa T., Fujita, K. & Yamamoto, J. (1991). Emergence of symmetry in a visual conditional discrimination by chimpanzees (*Pan troglodytes*). *Psychological Reports*, 68, 51-60.

Tomonaga, M., Tanaka, M., Matsuzawa, T., Myowa-Yamakoshi, M., Kosugi, D., Mizuno, Y., Okamoto, S., Yamaguchi, M. & Bard, K. (2004). Development of social cognition in infant chimpanzees (Pan troglodytes): Face recognition, smiling, gaze, and the lack of triadic interactions. *Japanese Psychological Research*, 46(3), 227-235.

Tonooka, R. & Matsuzawa, T. (1995). Hand preferences of captive chimpanzees (Pan troglodytes) in simple reaching for food. *International Journal of Primatology*, 16, 17-35.

Tonooka, R., Tomonaga, M. & Matsuzawa, T. (1997). Acquisition and transmission of tool making and use for drinking juice in a group of captive chimpanzees (Pan troglodytes). *Japanese Psychological Research*, 39(3), 253-265.

Uenishi, G., Fujita, S., Ohashi, G., Kato, A., Yamauchi, S., Matsuzawa, T. & Ushida, K. (2007). Molecular analyses of the intestinal microbiota of chimpanzees in the wild and in captivity. *American journal of Primatology*, 69, 1-10.

Ueno, A. & Matsuzawa, T. (2004). Food transfer between chimpanzee mothers and their infants. *Primates*, 45, 231-239.

Ueno, A. & Matsuzawa, T. (2005). Response to novel food in infant chimpanzees: Do infants refer to mothers before ingesting food on their own? *Behavioural Processes*, 68(1), 85-90.

Weiss, A., Inoue-Murayama, M., Hong, K. W., Inoue, E., Udono, T., Ochiai, T., Matsuzawa, T., Hirata, S. & King, J. (2009). Assessing chimpanzee personality and subjective well-being in Japan. *American Journal of Primatology*, 71, 283-292.

White, T. D., Asfaw, B., Beyene, Y., Haile-Selassie, Y., Lovejoy, C. O., Suwa, G. & WoldeGabriel, G. (2009). *Ardipithecus ramidus* and the Paleobiology of early hominids. *Science*, 326, 75-86.

Whiten, A., Goodall, J., McGrew, W. C., Nishida, T., Reynolds, V., Sugiyama, Y., Tutin, C. E., Wrangham, R. & Boesch, C. (1999). Cultures in chimpanzees. *Nature*, 399, 682-685.

Wilson, E. (1975). *Sociobiology*. Harvard University Press.

Yamamoto, S., Yamakoshi, G., Humle, T. & Matsuzawa, T. (2008). Invention and modification of a new tool use behavior: Ant-fishing in trees by a wild chimpanzee (*Pan troglodytes verus*) at Bossou, Guinea. *American Journal of Primatology*, 70, 699-702.

【日文】

齋藤亜矢（2008）・想像は創造の母?『科学』12月号・岩波書店・1346–1347。

竹下秀子（2001）・赤ちゃんの手とまなざし：ことばを生みだす進化の道すじ・岩波科学ライブラリー・岩波書店。

友永雅己・田中正之・松沢哲郎編（2003），チンパンジーの認知と行動の発達，京都大学学術出版会。
松沢哲郎（1989），ことばをおぼえたチンパンジー，福音館書店。
松沢哲郎（1991），チンパンジーから見た世界，東京大学出版会（二〇〇八年新装版）。
松沢哲郎（1991），チンパンジー・マインド：心と認識の世界・岩波書店（二〇〇〇年『チンパンジーの心』として岩波現代文庫）。
松沢哲郎（1995），チンパンジーはちんぱんじん：アイとアフリカのなかまたち，岩波ジュニア新書，岩波書店。
松沢哲郎（2001），おかあさんになったアイ，講談社（二〇〇六年講談社学術文庫）。
松沢哲郎（2002a），進化の隣人ヒトとチンパンジー，岩波新書，岩波書店。
松沢哲郎（2002b），アイとアユム，講談社（二〇〇五年講談社プラスアルファ文庫）。
松沢哲郎（2009a），霊長類学60年と今西錦司：世界の霊長類学における日本の貢献，『霊長類研究』，24巻，187–196。
松沢哲郎（2009b），比較認知科学：アイ・プロジェクトの30年，『動物心理学研究』，59巻，135–160。
松沢哲郎編（2010），人間とは何か：チンパンジー研究から見えてきたこと，岩波書店。
松本元・松沢哲郎（1997），脳型コンピュータとチンパンジー学，ジャストシステム。

【編後記】人，何以為人？

「人，何以為人？」

《想像的力量》作者松澤哲郎，從年輕時，就一直很好奇這個問題的答案。松澤教授以感性的筆調，在本書中娓娓道來他如何以科學的手法探索「人，何以為人？」的哲學問題。因此，這不只是一本以比較認知科學為主軸的科普書，也是一本探索生命意義的哲學書。日文原書出版於二〇一一年，獲得該年度日本科學新聞人獎（科学ジャーナリスト賞）和每日出版文化獎自然科學類（第六十五回每日出版文化賞〈自然科学部門〉）的雙重肯定。

本書能夠翻譯出版，特別感謝生物人類學者王道還老師，在百忙之中撥冗審訂內容，不僅提供許多專業意見，而且在有限的時間裡逐字逐句推敲斟酌，為這本書奉獻了寶貴的時間和心力。

感謝臺灣大學語言學研究所助理教授呂佳蓉小姐，她也是本書作者松澤教授另一本著作《森林傳奇．黑猩猩》繁體中文版的譯者；謝謝呂老師以「讓知識得以傳播，讓愛得以延續」為本書定調，以及對本書提出的建議。

此外，感謝中興大學物理系的阮俊人老師、臺灣大學研究倫理中心的陳奎伯先生對於本書的關注與協助。

在此向推薦本書的各界人士致上深謝：奧美公關企業公關事業部董事總經理王馥蓓、新化高中生物科老師呂念宗、中正大學心理系主任李季湜、臺灣大學生態學與演化生物學研究所教授李玲玲、《科學人》雜誌總編輯李家維、作家李偉文、交通大學副校長林一平、中原大學心理科學研究中心主任林文瑛、陽明大學心智哲學研究所教授兼所長洪裕宏、中央大學認知神經科學研究所所長洪蘭、中央研究院生物醫學研究所副研究員徐百川、屏東科技大學野生動物保育研究所教授裴家騏、台灣使用者經驗設計協會理事長蔡志浩、松山高中生物科老師蔡欣蓉、中華民國自然生態保育協會秘書長蔡惠卿、PanSci泛科學網站總編輯鄭國威、陽明大學心智哲學所教授兼人文社會科學院副院長鄭凱元、中央研究院社會學研究所所長蕭新煌。（以上依照姓名筆畫順序排列，敬稱略）

最後，感謝作者松澤哲郎教授，帶給我們這本了解心智、語言和情感演化過程的好書，將他傾注畢生心力的比較認知科學研究化為文字，讓我們有機會發覺人類擁有想像的力量是多麼珍貴的一件事情——即使當下感到絕望，但是，對於未來依然懷抱著希望；也因為想像的力量，讓我們乘著想像的翅膀，從絕望中燃起希望，讓這個世界充滿了更多的可能。

希望讀完這本書之後，「人，何以為人？」的最終解答，將會在您心中的某個角落發出微光，引領著您，勇敢地走向未來。

經濟新潮社 〈經濟趨勢系列〉

書號	書名	作者	定價
QC1001	全球經濟常識100	日本經濟新聞社編	260
QC1002	個性理財方程式：量身訂做你的投資計畫	彼得・塔諾斯	280
QC1003X	資本的祕密：為什麼資本主義在西方成功，在其他地方失敗	赫南多・德・索托	300
QC1004X	愛上經濟：一個談經濟學的愛情故事	羅素・羅伯茲	280
QC1007	現代經濟史的基礎：資本主義的生成、發展與危機	後藤靖等	300
QC1009	當企業購併國家：全球資本主義與民主之死	諾瑞娜・赫茲	320
QC1010	中國經濟的危機：了解中國經濟發展9大關鍵	小林熙直等	350
QC1011	經略中國，布局大亞洲	木村福成、丸屋豐二郎、石川幸一	380
QC1014X	一課經濟學（50週年紀念版）	亨利・赫茲利特	320
QC1015	葛林斯班的騙局	拉斐・巴特拉	420
QC1016	致命的均衡：哈佛經濟學家推理系列	馬歇爾・傑逢斯	280
QC1017	經濟大師談市場	詹姆斯・多蒂、德威特・李	600
QC1018	人口減少經濟時代	松谷明彥	320
QC1019	邊際謀殺：哈佛經濟學家推理系列	馬歇爾・傑逢斯	280
QC1020	奪命曲線：哈佛經濟學家推理系列	馬歇爾・傑逢斯	280
QC1022	快樂經濟學：一門新興科學的誕生	理查・萊亞德	320
QC1023	投資銀行青春白皮書	保田隆明	280
QC1026C	選擇的自由	米爾頓・傅利曼	500
QC1027	洗錢	橘玲	380
QC1028	避險	幸田真音	280
QC1029	銀行駭客	幸田真音	330
QC1030	欲望上海	幸田真音	350
QC1031	百辯經濟學（修訂完整版）	瓦特・布拉克	350
QC1032	發現你的經濟天才	泰勒・科文	330
QC1033	貿易的故事：自由貿易與保護主義的抉擇	羅素・羅伯茲	300
QC1034	通膨、美元、貨幣的一課經濟學	亨利・赫茲利特	280
QC1035	伊斯蘭金融大商機	門倉貴史	300

經濟新潮社 〈經濟趨勢系列〉

書　號	書　　　名	作　　者	定價
QC1036C	1929年大崩盤	約翰・高伯瑞	350
QC1037	傷一銀行崩壞	幸田真音	380
QC1038	無情銀行	江上剛	350
QC1039	贏家的詛咒：不理性的行為，如何影響決策	理查・塞勒	450
QC1040	價格的祕密	羅素・羅伯茲	320
QC1041	一生做對一次投資：散戶也能賺大錢	尼可拉斯・達華斯	300
QC1042	達蜜經濟學：.me.me.me…在網路上，我們用自己的故事，正在改變未來	泰勒・科文	340
QC1043	大到不能倒：金融海嘯內幕真相始末	安德魯・羅斯・索爾金	650
QC1044	你的錢，為什麼變薄了？：通貨膨脹的真相	莫瑞・羅斯巴德	300
QC1045	預測未來：教你應用賽局理論，預見未來，做出最佳決策	布魯斯・布恩諾・德・梅斯奎塔	390
QC1046	常識經濟學：人人都該知道的經濟常識（全新增訂版）	詹姆斯・格瓦特尼、理查・史托普、德威特・李、陶尼・費拉瑞尼	350
QC1047	公平與效率：你必須有所取捨	亞瑟・歐肯	280
QC1048	搶救亞當斯密：一場財富與道德的思辯之旅	強納森・懷特	360
QC1049	了解總體經濟的第一本書：想要看懂全球經濟變化，你必須懂這些	大衛・莫斯	320
QC1050	為什麼我少了一顆鈕釦？：社會科學的寓言故事	山口一男	320
QC1051	公平賽局：經濟學家與女兒互談經濟學、價值，以及人生意義	史帝文・藍思博	320
QC1052	生個孩子吧：一個經濟學家的真誠建議	布萊恩・卡普蘭	290
QC1053	看得見與看不見的：人人都該知道的經濟真相	弗雷德里克・巴斯夏	250

經濟新潮社　〈經營管理系列〉

書　號	書　　　名	作　　者	定價
QB1031	我要唸MBA！：MBA學位完全攻略指南	羅伯・米勒、凱瑟琳・柯格勒	320
QB1032	品牌，原來如此！	黃文博	280
QB1033	別為數字抓狂：會計，一學就上手	傑佛瑞・哈柏	260
QB1034	人本教練模式：激發你的潛能與領導力	黃榮華、梁立邦	280
QB1035	專案管理，現在就做：4大步驟，7大成功要素，要你成為專案管理高手！	寶拉・馬丁、凱倫・泰特	350
QB1036	A級人生：打破成規、發揮潛能的12堂課	羅莎姆・史東・山德爾、班傑明・山德爾	280
QB1037	公關行銷聖經	Rich Jernstedt等十一位執行長	299
QB1039	委外革命：全世界都是你的生產力！	麥可・考貝特	350
QB1041	要理財，先理債：快速擺脫財務困境、重建信用紀錄最佳指南	霍華德・德佛金	280
QB1042	溫伯格的軟體管理學：系統化思考（第1卷）	傑拉爾德・溫伯格	650
QB1044	邏輯思考的技術：寫作、簡報、解決問題的有效方法	照屋華子、岡田惠子	300
QB1045	豐田成功學：從工作中培育一流人才！	若松義人	300
QB1046	你想要什麼？（教練的智慧系列1）	黃俊華著、曹國軒繪圖	220
QB1047	精實服務：生產、服務、消費端全面消除浪費，創造獲利	詹姆斯・沃馬克、丹尼爾・瓊斯	380
QB1049	改變才有救！（教練的智慧系列2）	黃俊華著、曹國軒繪圖	220
QB1050	教練，幫助你成功！（教練的智慧系列3）	黃俊華著、曹國軒繪圖	220
QB1051	從需求到設計：如何設計出客戶想要的產品	唐納・高斯、傑拉爾德・溫伯格	550
QB1052C	金字塔原理：思考、寫作、解決問題的邏輯方法	芭芭拉・明托	480
QB1053	圖解豐田生產方式	豐田生產方式研究會	280
QB1054	Peopleware：腦力密集產業的人才管理之道	Tom DeMarco、Timothy Lister	380

經濟新潮社 〈經營管理系列〉

書號	書名	作者	定價
QB1055X	感動力	平野秀典	250
QB1056	寫出銷售力：業務、行銷、廣告文案撰寫人之必備銷售寫作指南	安迪・麥斯蘭	280
QB1057	領導的藝術：人人都受用的領導經營學	麥克斯・帝普雷	260
QB1058	溫伯格的軟體管理學：第一級評量（第2卷）	傑拉爾德・溫伯格	800
QB1059C	金字塔原理Ⅱ：培養思考、寫作能力之自主訓練寶典	芭芭拉・明托	450
QB1060X	豐田創意學：看豐田如何年化百萬創意為千萬獲利	馬修・梅	360
QB1061	定價思考術	拉斐・穆罕默德	320
QB1062C	發現問題的思考術	齋藤嘉則	450
QB1063	溫伯格的軟體管理學：關照全局的管理作為（第3卷）	傑拉爾德・溫伯格	650
QB1065C	創意的生成	楊傑美	240
QB1066	履歷王：教你立刻找到好工作	史考特・班寧	240
QB1067	從資料中挖金礦：找到你的獲利處方籤	岡嶋裕史	280
QB1068	高績效教練：有效帶人、激發潛能的教練原理與實務	約翰・惠特默爵士	380
QB1069	領導者，該想什麼？：成為一個真正解決問題的領導者	傑拉爾德・溫伯格	380
QB1070	真正的問題是什麼？你想通了嗎？：解決問題之前，你該思考的6件事	唐納德・高斯、傑拉爾德・溫伯格	260
QB1071C	假說思考法：以結論為起點的思考方式，讓你3倍速解決問題！	內田和成	360
QB1072	業務員，你就是自己的老闆！：16個業務升級祕訣大公開	克里斯・萊托	300
QB1073C	策略思考的技術	齋藤嘉則	450
QB1074	敢說又能說：產生激勵、獲得認同、發揮影響的3i說話術	克里斯多佛・威特	280
QB1075	這樣圖解就對了！：培養理解力、企畫力、傳達力的20堂圖解課	久恆啟一	350
QB1076	鍛鍊你的策略腦：想要出奇制勝，你需要的其實是insight	御立尚資	350

經濟新潮社 〈經營管理系列〉

書號	書名	作者	定價
QB1078	讓顧客主動推薦你：從陌生到狂推的社群行銷7步驟	約翰・詹區	350
QB1079	超級業務員特訓班：2200家企業都在用的「業務可視化」大公開！	長尾一洋	300
QB1080	從負責到當責：我還能做些什麼，把事情做對、做好？	羅傑・康納斯、湯姆・史密斯	380
QB1081	兔子，我要你更優秀！：如何溝通、對話、讓他變得自信又成功	伊藤守	280
QB1082	論點思考：先找對問題，再解決問題	內田和成	360
QB1083	給設計以靈魂：當現代設計遇見傳統工藝	喜多俊之	350
QB1084	關懷的力量	米爾頓・梅洛夫	250
QB1085	上下管理，讓你更成功！：懂部屬想什麼、老闆要什麼，勝出！	蘿貝塔・勤斯基・瑪圖森	350
QB1086	服務可以很不一樣：讓顧客見到你就開心，服務正是一種修練	羅珊・德西羅	320
QB1087	為什麼你不再問「為什麼？」：問「WHY？」讓問題更清楚、答案更明白	細谷 功	300
QB1088	成功人生的焦點法則：抓對重點，你就能贏回工作和人生！	布萊恩・崔西	300
QB1089	做生意，要快狠準：讓你秒殺成交的完美提案	馬克・喬那	280
QB1090	獵殺巨人：十個競爭策略，打倒產業老大！	史蒂芬・丹尼	380
QB1091	溫伯格的軟體管理學：擁抱變革（第4卷）	傑拉爾德・溫伯格	980
QB1092	改造會議的技術	宇井克己	280
QB1093	放膽做決策：一個經理人1000天的策略物語	三枝匡	350
QB1094	開放式領導：分享、參與、互動——從辦公室到塗鴉牆，善用社群的新思維	李夏琳	380
QB1095	華頓商學院的高效談判學：讓你成為最好的談判者！	理查・謝爾	400
QB1096	麥肯錫教我的思考武器：從邏輯思考到真正解決問題	安宅和人	320
QB1097	我懂了！專案管理（全新增訂版）	約瑟夫・希格尼	330
QB1098	CURATION策展的時代：「串聯」的資訊革命已經開始！	佐佐木俊尚	330

經濟新潮社 〈經營管理系列〉

書號	書名	作者	定價
QB1099	新・注意力經濟	艾德里安・奧特	350
QB1100	Facilitation引導學：創造場域、高效溝通、討論架構化、形成共識，21世紀最重要的專業能力！	堀公俊	350
QB1101	體驗經濟時代（10週年修訂版）：人們正在追尋更多意義，更多感受	約瑟夫・派恩、詹姆斯・吉爾摩	420
QB1103	輕鬆成交，業務一定要會的提問技術	保羅・雀瑞	280

國家圖書館出版品預行編目資料

想像的力量：心智、語言、情感，解開「人」的祕密／松澤哲郎著；梁世英譯. -- 初版. -- 臺北市：經濟新潮社出版：家庭傳媒城邦分公司發行, 2013.01
面；　公分. --（自由學習；1）
ISBN 978-986-6031-26-7（平裝）

1. 猩猩　2. 動物行為　3. 比較認知科學

389.97　　101024953